21世纪高等学校计算机规划教材

21st Century University Planned Textbooks of Computer Science

数据库基础与应用实验教程
——Visual FoxPro 6.0

Practical Tutorial on Foundations and
Applications of Database

徐长滔 杨燕 姜林枫 编著

高校系列

人民邮电出版社

北 京

图书在版编目（CIP）数据

数据库基础与应用实验教程：Visual FoxPro 6.0 /
徐长滔，杨燕，姜林枫编著. -- 北京：人民邮电出版社，
2016.1
21世纪高等学校计算机规划教材
ISBN 978-7-115-41430-4

Ⅰ．①数… Ⅱ．①徐… ②杨… ③姜… Ⅲ．①关系数
据库系统－程序设计－高等学校－教材 Ⅳ.
①TP311.138

中国版本图书馆CIP数据核字(2016)第002251号

内 容 提 要

本书为 Visual FoxPro 6.0 的实验教材。全书共有 10 章，包括数据库基础、Visual FoxPro 基础、数据表的建立与操作、数据库的建立与维护、SQL 语言、视图与查询、结构化程序设计、表单设计及应用、菜单设计及应用、报表设计及应用。每章后面都附有习题，书后附有各章习题及实验拓展的参考答案。本书最后还附有二级考试实训指南。

本书实验内容贴合实际、设计巧妙、逻辑缜密，对实验过程的描述细致入微、详略得当，可以让读者在缺乏老师辅导甚至自学的情况下，也能很好地完成实验。本书特别适合财经类和管理类专业的学生使用。本书还可作为全国计算机等级考试二级 Visual FoxPro 6.0 程序设计的培训教材，也可以作为广大计算机用户的自学用书。

◆ 编　著　徐长滔　杨　燕　姜林枫
　　责任编辑　邹文波
　　执行编辑　吴　婷
　　责任印制　沈　蓉　彭志环
◆ 人民邮电出版社出版发行　　北京市丰台区成寿寺路 11 号
　　邮编　100164　电子邮件　315@ptpress.com.cn
　　网址　http://www.ptpress.com.cn
　　北京圣夫亚美印刷有限公司印刷
◆ 开本：787×1092　1/16
　　印张：11.5　　　　　　　2016 年 1 月第 1 版
　　字数：297 千字　　　　　2016 年 1 月北京第 1 次印刷

定价：27.00 元
读者服务热线：(010)81055256　印装质量热线：(010)81055316
反盗版热线：(010)81055315

前　言

Visual FoxPro 6.0（缩写为 VFP6.0）具有完善的数据管理功能、丰富的各类工具和完备的兼容性等特点。当今社会已经进入大数据时代，科学地进行数据的组织、处理和应用是大学生必须掌握的技术，对各大院校非计算机专业的大学生而言，VFP 无疑是最佳选择之一。

上机实验是计算机教学中的一个重要环节，它是学生对所学知识的直观体验、归纳整理、验证总结，对学生加深概念的理解、提高知识的综合运用能力、加强开拓创新意识的培养具有极大的作用。

本书是《数据库基础与应用——Visual FoxPro 6.0》（书号为 9787115339706）一书的配套教材。本书主要包含上机实验题目、实验过程描述、实验结果的分析总结、补充习题等内容。本书采用模块化教学，分四大模块，重点突出了 SQL 语言、程序设计、表单应用部分的实验。实验内容贴合实际、设计巧妙、逻辑缜密，对实验过程的描述细致入微、详略得当，让读者在缺乏老师辅导甚至自学的情况下，也能很好地完成实验，对实验的分析总结能够融会贯通、举一反三，大幅提升实验效果。每章均附有较多的补充习题及答案，供学习者选择练习。本书对主教材所含知识做了很好的补充、延伸和拓展，使读者可以快速掌握相关知识。

本书可以满足普通高等学校非计算机专业学生数据库技术与程序设计方面教学的基本需要，特别适合财经类和管理类专业的学生使用。本书还可作为全国计算机等级考试二级 Visual FoxPro 6.0 程序设计的培训教材，也可以作为广大计算机用户的自学用书。

本书由齐鲁工业大学 7 位教师编著，其中第 1 章、第 2 章由孙清编著，第 3 章、第 4 章由刘晶编著，4 个模块前言、第 5 章及二级考试实训指南由姜林枫编著，第 6 章由张路编著，第 7 章由杨燕编著，第 8 章、第 9 章由徐长滔编著，第 10 章由王辰龙编著，各章习题及答案由各章编写老师编著。本书由徐长滔任主编，杨燕、姜林枫任副主编。全书由徐长滔负责初稿的修改和最后的统稿工作。

编　者

2015 年 10 月

目　录

第一篇　基　础　知　识

第二篇　基　础　操　作

第一篇
基础知识

- 掌握数据库管理系统 Visual FoxPro 6.0（VFP 6.0）的基本操作；
- 掌握数据库论域常规数据的类型及其表现形式；
- 掌握数据库论域常规数据的特点及其简单操作；
- 掌握 Visual FoxPro 6.0（VFP 6.0）与 Excel 2003 之间的数据共享；
- 体验 DBMS 的核心功能，建立关系模型的基本框架。

第1章
数据库基础

实验一　数据表的导入和导出

一、实验目的

掌握 VFP 6.0 与其他应用程序之间的转换，实现数据共享。

二、实验任务

（1）把文件 student.xls 导入到 VFP 中。
（2）把 stu.dbf 文件导出为 Excel 文件。

三、实验过程

1. 把文件 student.xls 导入到 VFP 6.0 中，理解字段变量的定义及类型

（1）打开 VFP6.0，选择"文件"→"导入"命令，打开"导入"对话框，如图 1-1 所示。

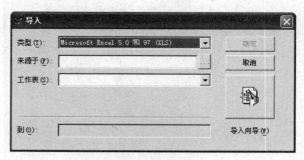

图 1-1　导入对话框

（2）在"类型"选项中选择"Microsoft Excel 5.0 和 97（XLS）"，单击"来源于"选项后面的"⬛"按钮，找到文件 student.xls，单击"确定"按钮。

（3）单击"显示"→"浏览"菜单命令，打开表 student.dbf，如图 1-2 所示。

2. 把 stu.dbf 文件导出为 Excel 文件

（1）选择"文件"→"导出"命令，打开"导出"对话框，如图 1-3 所示。

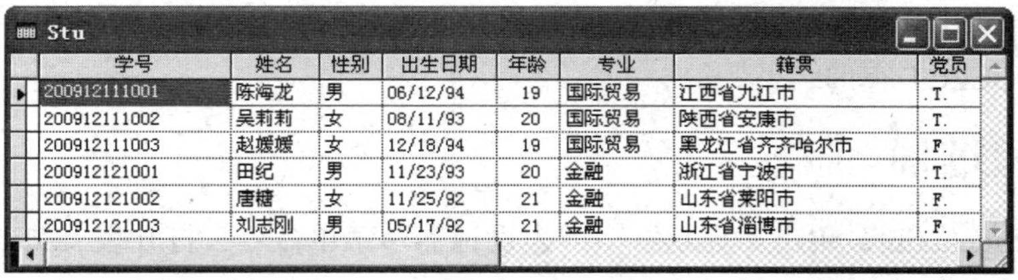

图 1-2　student 表

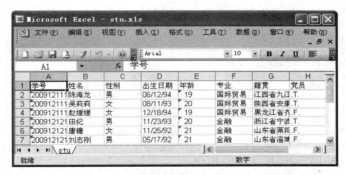

图 1-3　导出对话框

（2）在"类型"选项中选择"Microsoft Excel 5.0（XLS）"，单击"到"选项后面的"▣"按钮，选择 Excel 文件的导出位置，单击"确定"按钮。图 1-4 所示为导出的 Excel 文件。

图 1-4　stu.xls 文件

四、实验分析

本实验的目的是让学生熟悉两种软件之间的数据转换方法，使数据满足不同环境下的格式需求。

实验二　认识数据库

一、实验目的

了解数据库的基本功能。

二、实验任务

（1）打开表设计器，了解表的设计方法。

（2）显示数据表。

（3）在命令窗口中输入"?"，显示各字段变量的值。

（4）查看 SELECT 查询结果。

三、实验过程

（1）打开 student.dbf，单击"显示"→"表设计器"菜单命令，打开表 student.dbf，如图 1-5 所示。对照图 1-5 理解数据表的设计方法。

图 1-5　表设计器

（2）单击"显示"→"浏览"菜单命令，打开表 student.dbf，如图 1-6 所示。

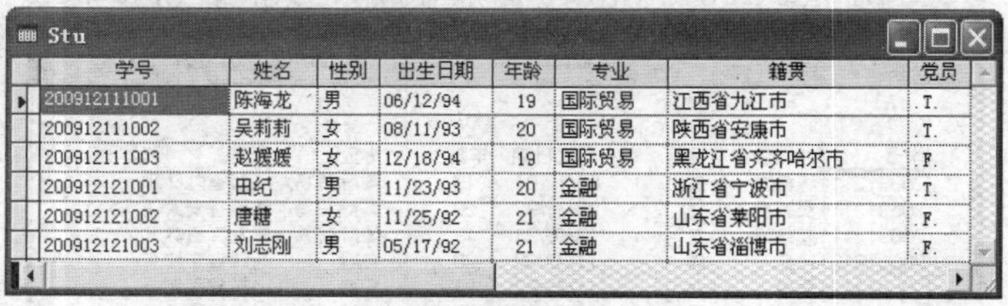

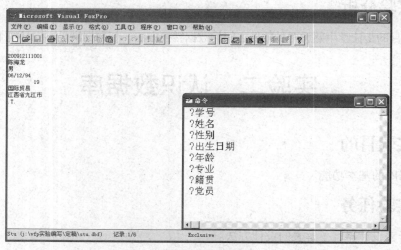

图 1-6　student 表

（3）把光标定位在第一条记录上，在命令窗口使用"?"命令显示各个字段变量的值。结果如图 1-7 所示。

图 1-7　显示字段变量的值

（4）在命令窗口中输入“SELECT 姓名，年龄，专业 FROM student WHERE 性别=“男”，单击<Enter>键，显示所有男生的姓名、年龄、专业，结果如图 1-8 所示。

注意：必须在英文半角状态下在命令窗口输入命令。

姓名	年龄	专业
陈海龙	19	国际贸易
田纪	20	金融
刘志刚	21	金融

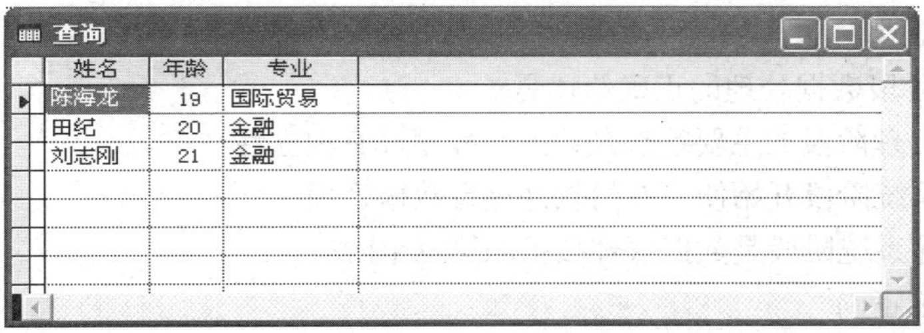

图 1-8　显示查询结果

四、实验分析

本实验的目的是让学生在正式学习数据库的使用方法之前，对数据库有一个初步的认识，了解数据库的基本功能及基本的操作方法，为以后的学习打下良好的基础。

综合练习

一、单选题

1. 根据提供的数据独立性、数据共享性、数据完整性、数据存取方式等水平的高低，计算机数据管理技术的发展可以划分为 3 个阶段，其中不包括（　　）。

A. 人工管理阶段　　B. 文件系统阶段

C. 计算机管理阶段　　D. 数据库系统阶段

2. 数据模型是在数据库领域中定义数据及其操作的一种抽象表示。用树形结构标识各类实体及其关系的数据模型称为（　　）。

A. 层次模型　　B. 关系模型　　C. 网状模型　　D. 面向对象模型

3. 下列关于数据库系统的正确叙述是（　　）。

A. 数据库系统避免了一切冗余

B. 数据库系统中数据的一致性是指数据类型一致

C. 数据库系统减少了数据冗余

D. 数据库系统比文件系统管理更多的数据

4. 数据库管理系统是（　　）。

A. 应用软件　　B. 辅助设计软件　　C. 系统软件　　D. 科学计算软件

5. 按照数据模型分类，数据库系统可以分为 3 种类型（　　）。

A. 大型、中型和小型　　B. 层次、网状和关系

C. 西文、中文和中西文兼容　　D. 文字、数字和图形

6. 数据库系统中对数据库进行管理的核心软件是（　　　）。

  A. DBMS   B. DB   C. OS   D. DBS

7. 关系运算中的选择运算是（　　　）。

  A. 从关系中找出满足给定条件的元组的操作

  B. 从关系中选择若干个属性组成新的关系的操作

  C. 从关系中选择满足给定条件的属性的操作

  D. A 和 B 都对

8. 关于各个阶段数据处理的正确叙述是（　　　）。

  A. 人工处理阶段的主要特点是数据和程序没有独立性

  B. 文件系统阶段开始使用专门软件进行数据管理

  C. 数据库系统阶段是数据管理技术的第三个阶段

  D. 以上都正确

9. 对数据库、数据库系统和数据库管理系统之间的关系叙述正确的是（　　　）。

  A. 数据库包括数据库系统和数据库管理系统

  B. 数据库系统包括数据库和数据库管理系统

  C. 数据库管理系统包括数据库和数据库系统

  D. 三者毫无关系

10. 存储在计算机存储设备上，具有结构化的数据集合是（　　　）。

  A. 数据库管理系统   B. 数据库

  C. 数据库系统   D. 数据库应用系统

11. 按照数据模型划分，使用 VFP 6.0 开发的应用系统应当是（　　　）。

  A. 层次型数据库系统   B. 网状型数据库系统

  C. 关系型数据库系统   D. 混合型数据库系统

12. Visual FoxPro 软件属于（　　　）。

  A. 数据库系统   B. 数据库管理系统

  C. 数据库应用系统   D. 数据库

13. 在数据管理技术的发展过程中，经历了人工管理阶段、文件系统阶段和数据库系统阶段，在这几个阶段中，数据独立性最高的是（　　　）阶段。

  A. 数据库系统   B. 文件系统   C. 人工管理   D. 数据项管理

14. 设有部门和职员两个实体集，每个职员只能属于一个部门，一个部门可以有多名职员，则部门与职员实体之间的联系类型是（　　　）。

  A. 多对多（m：n）   B. 一对多（1：m）

  C. 其他选项都不对   D. 一对一（1：1）

15. 设有课程和学生两个实体集，每个学生可以选修多门课程，一门课程可以被多名学生同时选修，则课程和学生实体之间的联系类型是（　　　）。

  A. 多对多（m：n）   B. 一对多（1：m）

  C. 其他选项都不对   D. 一对一（1：1）

16. 设有班长和班级两个实体集，每个班级只能设有一个班长，且每个班长只能在一个班级中任职，则班长和班级实体之间的联系类型是（　　　）。

  A. 多对多（m：n）   B. 一对多（1：m）

C．其他选项都不对　　　　　　　　　D．一对一（1：1）

17．在关系模型中，一个关键字是（　　　）。

A．可由多个任意属性组成

B．最多由一个属性组成

C．可由一个或多个其值能唯一标识该关系模式中任何元组的属性组成

D．其他选项都不对

18．关系数据库管理系统所管理的关系是（　　　）。

A．若干个二维表　　　　　　　　　　B．一个DBF文件

C．一个DBC文件　　　　　　　　　　D．若干个DBC文件

19．设有关系R1和R2，经过关系运算得到结果S，则S是（　　　）。

A．一个数据库　　　B．一个表单　　　C．一个关系　　　D．一个数组

20．根据关系模型的有关理论，下列说法中不正确的是（　　　）。

A．二维表中的每一列均有唯一的字段名

B．二维表中不允许出现完全相同的两行

C．二维表中行的顺序、列的顺序均可以任意交换

D．二维表中行的顺序、列的顺序不可以任意交换

21．实体模型反映实体及实体之间的关系，是人们的头脑对现实世界中客观事物及其相互联系的认识，而（　　　）是实体模型的数据化，是观念世界的实体模型在数据世界中的反映，是对现实世界的抽象。

A．数据模型　　　　B．物理模型　　　C．逻辑模型　　　D．概念模型

22．在关系模型中，同一个关系中的不同属性，其属性名（　　　）。

A．可以相同　　　　　　　　　　　　B．不能相同

C．可以相同，但数据类型不同　　　　D．必须相同

23．关系模型的基本结构是（　　　）。

A．树形结构　　　　B．无向图　　　　C．二维表　　　　D．有向图

24．在有关数据库的概念中，若干记录的集合称为（　　　）。

A．字段　　　　　　B．数据库　　　　C．数据项　　　　D．数据表

25．在关系理论中，把能够唯一地确定一个元组属性或属性组合称为（　　　）。

A．索引码　　　　　B．关键字　　　　C．域　　　　　　D．外码

二、填空题

1．数据是信息的_____。

2．数据处理技术发展过程经历的3个阶段分别是人工管理、_____和数据库管理。

3．能够直接对数据库中数据进行操作的软件是_____。

4．关系模型就是一张_____。

5．关系数据库管理系统的3种关系操作是_____、投影和连接。

6．主关键字是用来唯一标识表中_____的字段或字段的组合。

7．用二维表来表示实体及实体之间联系的数据模型称为_____。

8．数据库系统一般由数据库、_____、计算机支持系统、应用程序和有关人员组成。

9．数据库中的数据按一定的数据模型组织、描述和存储，具有较小的_____，较高的数据独立性和易扩展性，并可以供各种用户共享。

10. 数据库通常包含两部分内容：一是按一定的数据模型组织并实际存储的所有应用需要的数据；二是存放在数据字典中的描述信息，这些描述信息通常称为_____。

11. 关系模型通过一系列的关系模式来表述数据结构和属性，它一般有 3 个组成部分：数据结构、数据操作和_____。

12. 数据是_____，大量数据的处理又将产生新的信息。

13. 数据模型提供信息表示和操作手段的结构形式。数据模型分_____、_____、_____三种模型。

三、简答题

1. 什么是数据库、数据库管理系统和数据库系统？

2. 数据库系统的特点是什么？

3. 实体之间的联系有哪几种？分别举例说明。

4. 数据库有哪几种常用的数据模型？VFP 6.0 属于哪一类？

第2章
Visual FoxPro 基础

实验一　常量、变量、表达式与数组

一、实验目的

（1）熟练掌握常量的类型和使用格式。
（2）熟练掌握变量的定义、赋值及显示方法。
（3）熟练掌握各种表达式的书写和运算方法。
（4）熟练掌握数组的定义、赋值及显示方法。

二、实验任务

（1）常量与变量的使用。
（2）表达式的使用。
（3）数组的定义与使用。
实验素材：student.xls

三、实验过程

1. 内存变量的定义及使用

（1）定义变量 X、Y、Z、姓名、出生日期、党员，其值分别为 5、9、9、"陈海龙"、{^1994-06-12}、.T.，如图 2-1 所示。

注意

① VFP 6.0 命令中的标点符号均要在英文和半角状态下输入。
② 给逻辑型变量赋值时，两边的圆点不能漏掉。

（2）在命令窗口用"？"命令显示上述变量的值，如图 2-2 所示。
（3）在命令窗口用 LIST MEMORY 或 DISPLAY MEMORY 命令查看上述变量的值和类型，如图 2-3 所示。

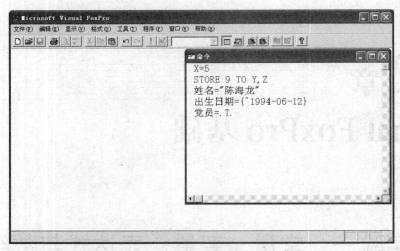

图 2-1 变量赋值

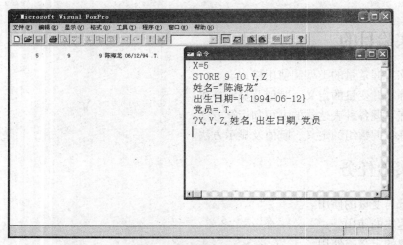

图 2-2 显示变量的值

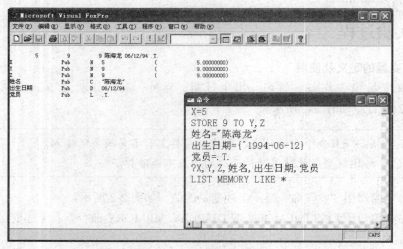

图 2-3 查看变量的值

试一试：如果将 list memory like*中的 like*去掉，即只输入 list memory，观察输出的是什么结果，为什么？

（4）在命令窗口用 RELEASE MEMORY 命令清除指定变量 A、B、C；清除后显示一下变量，查看是否清除了，如图 2-4 所示。

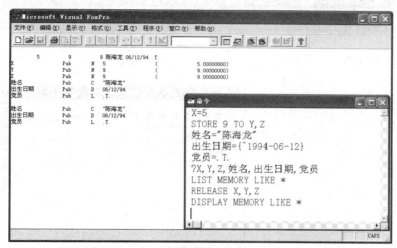

图 2-4　变量的清除

（5）在命令窗口用 CLEAR MEMORY 命令清除所有用户定义的变量，如图 2-5 所示。

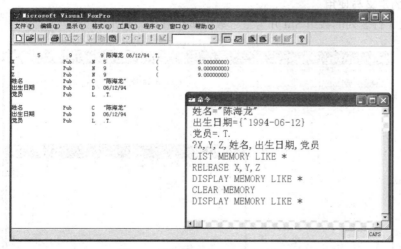

图 2-5　所有用户定义变量的清除

2. 表达式的使用

（1）定义以下变量并赋值：姓名="陈海龙"，性别="男"，年龄=19，专业="国际贸易"，出生日期={^1994/06/12}。

（2）用？命令输出算术表达式 30-年龄的值。

用？命令输出字符表达式"学生："+ 姓名 +"　　"+专业的值。

用？命令输出日期表达式 date()-出生日期的值。

用？命令输出关系表达式出生日期<{^ 1993/12/31}的值。

用？命令输出逻辑表达式年龄>20 and 性别<>"女"的值。

在命令窗口中逐个输入图 2-6 所示的命令，每个命令以<Enter>键为结束，在 VFP 6.0 主窗口中查看各表达式的结果。

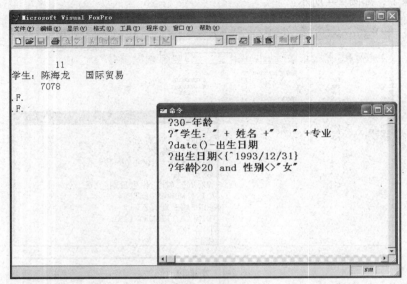

图 2-6　表达式练习

3. 数组的定义与使用

（1）定义 3 行 2 列的数组 Stu 并为整个数组赋初值 0，如图 2-7 所示。

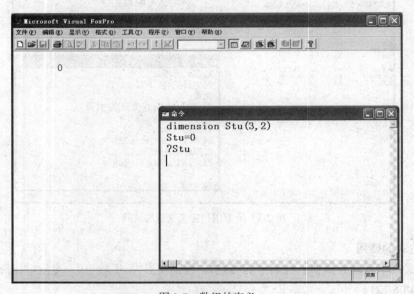

图 2-7　数组的定义

（2）为各数组元素分别赋值"陈海龙"、19、"吴莉莉"、20、"赵媛媛"、19，并显示数组元素各值，如图 2-8 所示。

（3）查看整个数组 Stu 的值和类型，如图 2-9 所示。

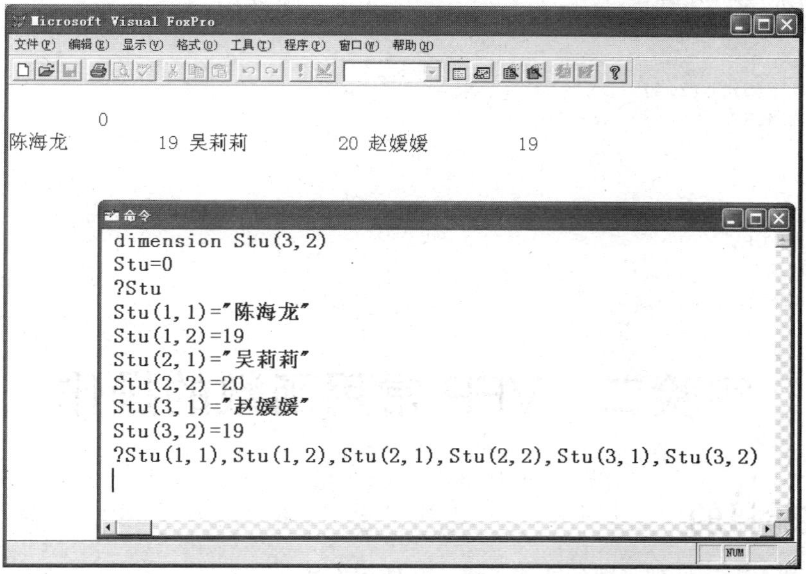

图 2-8　数组元素的赋值

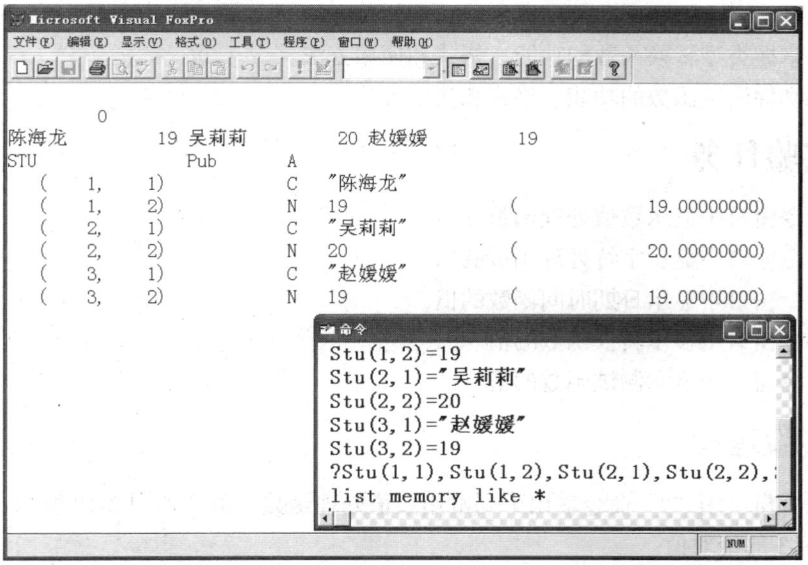

图 2-9　查看数组的值与类型

四、实验分析

本实验的目的是让学生熟悉常量、变量的使用方法，包括变量的定义、赋值和显示等，此外还可让学生掌握表达式和数组的使用方法。

五、实验拓展

通过命令窗口完成下列各题。

```
STORE 4*3-7 TO m, n, k
?"L=" , 2* m
?"S=" , m*m
DIMENSION a(5),b(2,4)
DISPLAY MEMORY
a(2)=10
a(4)="山东"
b(2,1)=5
DISPLAY MEMORY
CLEAR MEMORY
DISPLAY MEMORY
```

实验二　VFP 常用函数的操作

一、实验目的

（1）熟练掌握数值处理函数的功能、格式和使用方法。

（2）熟练掌握字符处理函数的功能、格式和使用方法。

（3）熟练掌握日期时间函数的功能、格式和使用方法。

（4）熟练掌握类型转换函数的功能、格式和使用方法。

（5）熟练掌握测试函数的功能、格式和使用方法。

二、实验任务

（1）在命令窗口中显示数值处理函数的值。

（2）在命令窗口中显示字符处理函数的值。

（3）在命令窗口中显示日期时间函数的值。

（4）在命令窗口中显示转换函数的值。

（5）在命令窗口中显示测试函数的值。

三、实验过程

（1）在命令窗口用 "?" 命令输出下列常用数值处理函数的值，如图 2-10 所示。

① 取 3、-3 的绝对值。

② 对 25 开平方。

③ 对 12.5、-12.5 取整。

④ 取 "AB"、"Abc"、"Ab" 的最大值。

⑤ 取 100、12*8、13*6 的最小值。

⑥ 取 10/3 的余数。

int 函数中正数和负数的区别。

想一想：mod(10,-3)结果是什么?

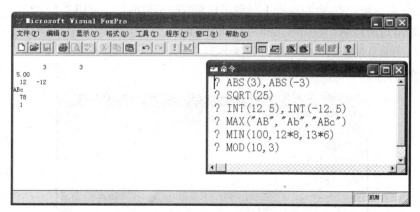

图 2-10　数值函数练习

（2）在命令窗口用"?"命令输出下列常用字符处理函数的值，如图 2-11 所示。

设 ss="山东省济南市　　"，求以下各步的结果。

① 测 ss 中字符串的长度。

② 从中截取子字符串"济南"。

③ 从中截取子字符串"山东省"。

④ 从中截取子字符串"济南市　　"。

⑤ 从中截取子字符串"济南市　　"。

⑥ 显示"山东　济南"：left (ss,4)+space(2)+substr(ss,7,4)。

⑦ 将"FoxPro"全部转换成大写和小写。

　　　　　　变量 ss 中的字符串尾部包含两个空格。

想一想：从 ss 中截取子字符串"济南市"还有其他方法吗？

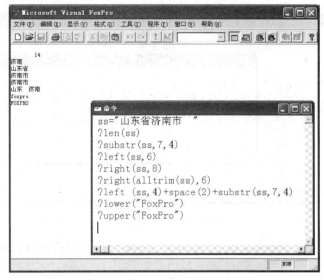

图 2-11　字符函数练习

（3）在命令窗口用"?"命令输出下列常用日期时间函数的值，如图2-12所示。

① 分别显示当前日期、当前时间和当前日期时间。

② 分别取当前日期中的年份、月份和日子。

③ 分别取当前时间中的时、分和秒。

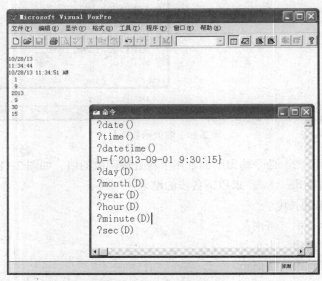

图2-12　日期函数练习

（4）在命令窗口用"?"命令输出下列常用转换函数的值，如图2-13所示。

① 分别显示"B"的ASCII值和ASCII值为65的字符。

② 分别将"234.637"、"2a3.42"、"a23.42"转换成数值。

③ n=-123.456，逐个输入图中的命令，查看转换结果。

④ 将"2/14/2008"转换成日期型。

⑤ 将系统日期转换成字符型。

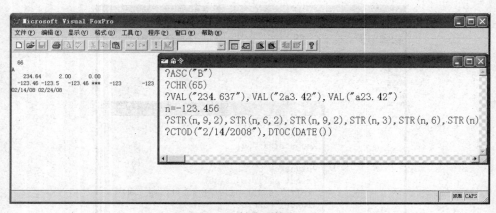

图2-13　转换函数练习

（5）在命令窗口用"?"命令输出下列常用测试函数的值，如图2-14所示。

若name="陈海龙"　　birthday={^1994/06/12}，

分别测试变量name和birthday的数据类型

注意 　　type 函数中表达式两端的引号是必须有的。

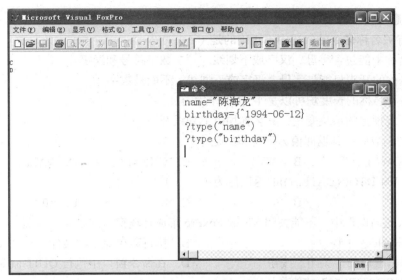

图 2-14　测试函数练习

四、实验分析

本次实验主要是使学生掌握函数的功能及使用方法，包括数值函数、字符函数、日期时间函数、转换函数和测试函数。

五、实验拓展

通过命令窗口完成下列各题

1. 求出下列表达式的值

（1）ASC("A")<ASC("B")　　　（2）ASC('2')<ASC('1')　　（3）321+VAL('32A1')

（4）ABS(-22.2)>MAX(-11,22.2)　　　（5）MOD(22,5)>MIN(-22.2,22)

（6）"Y"=UPPER('y')　　　（7）STR(223.22,6,2)+'32'

（8）MAX({^2013/09/09},{^2015/09/09})

2. 求出下列表达式的值

DVAR = CTOD('02/25/2001')

DVAR1=DVAR+35

DVAR2=DTOS(DVAR1)

（1）DVAR1-4

（2）CMONTH(DVAR1)

（3）VARTYPE(DVAR1)

（4）LEN('&DVAR2')

（5）TYPE('&DVAR2')

综合练习

一、单选题

1. 下列有关名称命令的叙述中不正确的是（　　　）。
   - A. 名称中能包含字母、汉字或下划线 "_"、数字符号和汉字
   - B. 名称的开头只能是字母、汉字或下划线、不能是数字
   - C. 各种名称的长度均可以是 1～128 个字符
   - D. 系统预定的系统变量，其名称均以下划线开头

2. 在下列函数中，其返回值为字符型的是（　　　）。
   - A. DOW( )
   - B. AT( )
   - C. CHR( )
   - D. VAL( )

3. 函数 LEN(DTOC(DATE.,1))的返回值为（　　　）。
   - A. 4
   - B. 6
   - C. 8
   - D. 10

4. 下列叙述的操作中，不能关闭 Visual FoxPro 集成环境窗口的是（　　　）。
   - A. 按<Alt>+<F4>
   - B. 执行菜单命令 "文件" → "关闭"
   - C. 单击窗口的 "关闭" 按钮
   - D. 在命令窗口中执行 QUIT 命令

5. 表达式 SQRT(PI.**2)的值是（　　　）。
   - A. 3.54
   - B. 3.14
   - C. 6.28
   - D. 1.57

6. 表达式 INT(RAND( )*90+10)的取值范围是（　　　）。
   - A. [10，99]
   - B. （10，99）
   - C. [10，100]
   - D. （10，100）

7. 表达式 ROUND(1234.567,2)的值是（　　　）。
   - A. 1234
   - B. 1234.56
   - C. 1234.57
   - D. 1234.567

8. 表达式 MOD(38,-5)的值是（　　　）。
   - A. 3
   - B. -3
   - C. 2
   - D. -2

9. 表达式 AT(RIGHT("中华人民共和国",4),"中华人民共和国")的值是（　　　）。
   - A. 4
   - B. 5
   - C. 10
   - D. 11

10. 表达式 UPPER("abcXYZ123")的值是（　　　）。
    - A. ABCXYZ123
    - B. abcxyz123
    - C. abcXYZ123
    - D. ABCxyz123

11. 表达式 STR(1234.5678)的值是（　　　）。
    - A. 数值型
    - B. 字符型
    - C. 逻辑型
    - D. 无类型

12. 表达式 STR(1234.5678,3,1)的值是（　　　）。
    - A. 1234.6
    - B. 1234.56
    - C. ***
    - D. 1234

13. 表达式 LEN(STR(123.7)+SPACE(5))的值是（　　　）。
    - A. 8
    - B. 9
    - C. 14
    - D. 15

14. 函数 ALLTRIM( )作用是（　　　）。
    - A. 给字符串尾部增加空格
    - B. 去掉字符串尾部空格
    - C. 去掉字符串前后空格
    - D. 去掉字符串首部空格

15. 函数的 STUFF("中国",3,2,"华人民共和国")值是（　　　）。
    - A. 人民共和
    - B. 中国

　　　　C．人民共和国　　　　　　　　　　D．中华人民共和国

16. 函数的 VAL("12.34.56")值是（　　　）。

　　　A．12　　　　　　　B．12.34　　　　　C．12.3456　　　　D．0

17. 以下日期正确的是（　　　）。

　　　A．{2003-10-10}　　　　　　　　　　B．{^2003-10-10}

　　　C．{'^2003-10-10'}　　　　　　　　　D．{'2003-10-10'}

18. 设 N=123，M=456，X='N+M'，表达式(&X)*10 的值是（　　　　）。

　　　A．5790　　　　　　B．'N+M *10　　　C．123　　　　　　D．456

19. 表达式 VAL(SUBS("商院字 195 号",7,2))*AT("A","CAD")的值是（　　　　）。

　　　A．38.00　　　　　B．195.00　　　　　C．14.00　　　　　D．CAD

20. 下列式子中，合法的 VFP 6.0 表达式是（　　　）。

　　　A．"12"+SPACE(2)+VAL("34")　　　　B．CTOD("08/18/03")+DATE.

　　　C．ASC("ASD")+"80"　　　　　　　　D．CHR(68)+STR(123.456,7,2)

21. 下列表达式的值为.F.的是（　　　）。

　　　A．"44">"400"　　　　　　　　　　　B．"男">"女"

　　　C．"CHINA">"CANADA"　　　　　　　D．DATE. +5>DATE.

22. 与表达式 NOT(NL<=60 AND NL>=18)等价的是（　　　）。

　　　A．NL>60 OR NL<18　　　　　　　　B．NL>60 AND NL<18

　　　C．NL>60 OR NL>18　　　　　　　　D．NL>60 AND NL>18

23. 若 X=56.789，则表达式 STR(X,2)-SUBS("56.789",5,1)的值是（　　　　）。

　　　A．568　　　　　　B．578　　　　　　C．48　　　　　　　D．49

24. 以下各表达式的值的类型为数值型的是（　　　　）。

　　　A．RECNO.>10　　B．X=200　　　　　C．DATE. -50　　　D．AT("A","CAD")

25. 执行 STORE 5+3>7 TO A 和 B=".T.">".F.",表达式 A OR B 的值是（　　　　）。

　　　A．.T.　　　　　　B．.F.　　　　　　C．A　　　　　　　D．B

26. 若 AA="Visual FoxPro"，则表达式 UPPER(SUBS(AA,1,1))+LOWER(SUBS(AA,2))的值是
（　　　）。

　　　A．Visual foxpro　　　　　　　　　　B．Visual FoxPro

　　　C．visual FOXPRO　　　　　　　　　D．VISUAL foxpro

27. 下列表达式的值为假的是（　　　）。

　　　A．LEFT("计算机",4)="计算"　　　　　B．INT(3/2)=1

　　　C．SUBS("computer",6,3)="TER"　　　D．"Ab"-"1995"="Ab1995"

28. 函数 LEN(STR(12.3,5,2))的值是（　　　）。

　　　A．2　　　　　　　B．3　　　　　　　C．4　　　　　　　D．5

29. 若 A="1999 年日 12 月庆祝澳门回归祖国！"，表达式的值为"澳门1999 年日 12 月回归
祖国！"的选项是（　　　）。

　　　A．SUBS(A,15,4)+SUBS(A,1,10)+SUBS(A,10)

　　　B．SUBS(A,15,4)+LEFT(A,1,10)+RIGHT(A,19)

　　　C．SUBS(A,15,4)+LEFT(A,10)+RIGHT(A,10)

　　　D．SUBS(A,15,4)+LEFT(A,10)+RIGHT(A,19,10)

30. 设 D1，D2 为日期型变量，M 为整数，下列表达式中错误的是（　　　）。

  A．D1-D2　　　　　B．D1+D2　　　　　C．D1-M　　　　　D．D1+M

31. A="中国　"，B="湖南　"，表达式 A+B 的值是（　　　）。

  A．"中国　湖南"　　　　　　　　　　　B．"　中国湖南　"

  C．"　中国湖南　"　　　　　　　　　　D．"中国湖南　　"

32. 下列为字符常量的是（　　　）。

  A．"变量"　　　　　B．常量　　　　　C．{无效}　　　　　D．（参量）

33. 设 X=8，Y=5 表达式的值为真的是（　　　）。

  A．(X>Y) AND "BEIJING" $ "BEI"　　　　B．(X<Y) AND "BEI" $ "BEIJING"

  C．(X>Y) OR "BEI" $ "BEIJING"　　　　D．(X<Y) OR "BEIJING" $ "BEI"

34. 函数 ROUND(-8.8,0) 的值是（　　　）。

  A．8　　　　　B．-8　　　　　C．9　　　　　D．-9

35. 设 D=5>6，函数 VARTYPE(D) 的值是（　　　）。

  A．L　　　　　B．D　　　　　C．N　　　　　D．C

36. 下列函数中，函数值为数值型的是（　　　）。

  A．BOF　　　　　　　　　　　　　　　B．CTOD("01/01/2003")

  C．AT("人民","中华人民共和国")　　　　D．SUBS(DTOC(DATE.),7)

37. VFP 数据表中数据类型分为（　　　）种。

  A．11　　　　　B．12　　　　　C．13　　　　　D．14

38. 执行 SET EXACT ON 后，表达式的值为真的是（　　　）。

  A．"张三"="张三是一个工人" AND "张三" $ "张三是一个工人"

  B．"张三是一个工人"="张三" AND "张三是一个工人" $ "张三"

  C．"张三是一个工人"="张三" AND "张三是一个工人" == "张三"

  D．"张三" == "张三" AND "张三是一个工人" > "张三"

39. 在 VFP 6.0 中，日期型字段的宽度由系统确定，其值是（　　　）。

  A．6 个字符　　　　　B．7 个字符　　　　　C．8 个字符　　　　　D．9 个字符

40. 逻辑运算符的优先级别为（　　　）。

  A．AND OR NOT　　　　　　　　　　　B．OR AND NOT

  C．NOT OR AND　　　　　　　　　　　D．NOT AND OR

41. 以下有关 VFP 6.0 工作方式的叙述，正确的是（　　　）。

  A．只有一种工作方式，即命令工作方式

  B．有两种工作方式，即命令方式和程序方式

  C．有两种工作方式，即键盘方式和鼠标方式

  D．有三种工作方式，即命令方式，程序方式和菜单方式

42. 在 VFP 6.0 中，选取"工具"菜单中的"选项"后，将会打开（　　　）选项。

  A．菜单　　　　　B．对话框　　　　　C．单选项　　　　　D．复选框

43. 用鼠标单击命令窗口中某个命令行的行首后，立即按下<Enter>键，则（　　　）。

  A．在该命令行处插入一个空行　　　　B．删除该命令行

  C．执行该命令　　　　　　　　　　　D．显示出错信息

44. 启动 VFP 6.0 的操作方法是（　　　）。

    A. 选择"开始"菜单中的"程序"下的"Microsoft Visual FoxPro 6.0"命令

    B. 在桌面上创建 VFP 6.0 快捷命令，双击桌面上该快捷图标

    C. 通过运行一个用 VFP 6.0 开发的文件来启动

    D. 以上三种方法都可以

45. 关闭 VFP 6.0 主窗口的命令是（　　　）。

    A. CLEAR　　　　　B. CLOSE　　　　　C. QUIT　　　　　D. CLOSE ALL

二、填空题

1. 在 VFP 6.0 集成环境中，对于比较长的命令，在命令窗口中可以按下＿＿＿＿＿键以换行输入。

2. 在 VFP 6.0 操作环境中，可以通过 SET 命令进行临时决定是否可以通过按<Esc>键中断程序和命令的运行的 SET 命令格式是＿＿＿＿＿。

3. 在 VFP 6.0 中，创建并保存一个项目后，系统会在磁盘上生成两个文件＿＿＿＿＿和＿＿＿＿＿。

4. 在 VFP 6.0 中定义常量的类型有：＿＿＿＿＿、＿＿＿＿＿、＿＿＿＿＿、＿＿＿＿＿、＿＿＿＿＿和＿＿＿＿＿。

5. 设 X="**"，则 2&X.3 的值是＿＿＿＿＿。

6. 命令？ ROUND(1234.5678,3)执行后的输出结果是＿＿＿＿＿。

7. 函数 TIME( )的返回类型是＿＿＿＿＿。

8. 宏替换函数的作用是＿＿＿＿＿。

9. 两个日期型数据相减，其结果说明＿＿＿＿＿。

10. 若 S="庆祝中国申办 2008 年奥运会成功! "，现要输出"2008 年奥运会庆祝中国成功申办! "，则表达式为＿＿＿＿＿。

11. 函数 LEN("This is my book.")的值的类型是＿＿＿＿＿。

12. 表达式 CHR(68)+STR(123.456,7,2)的值是＿＿＿＿＿。

13. 自由表字段名的命名不能超过＿＿＿＿＿个字符。

14. 要显示和隐藏 VFP 6.0 的命令窗口，使用的是菜单栏中＿＿＿＿＿菜单下的"命令窗口"命令。

15. 执行命令？ LEN（"我是中国人 IAMCHINESE"）的结果是＿＿＿＿＿。注：字符串中无空格

16. 命令？ TYPE（"04/01/02"）的输出结果是＿＿＿＿＿。

17. 假设系统日期为 11/21/2006，表达式
VAL(SUBSTR("1000",3)+RIGHT（STR(YEAR(DATE.)),2））+10 的值为＿＿＿＿＿。

18. 日期时间型数据用 8 个字节存储，日期部分的取值范围与日期型数据相同，时间部分取值范围是＿＿＿＿＿。

19. 货币型常量用来表示货币，其是学格式与数值型常量累世，但要加上一个前置的符号＿＿＿＿＿。

20. 若同时存在同名的内存变量和字段变量，在访问内存变量时必须在变量名词前加上前缀＿＿＿＿＿。

21. 组数的大小由下标值的上下限决定，下限规定为＿＿＿＿＿。

22. 若 a=5,b="a<10"，则？ type(b)输出结果为＿＿＿＿＿。

23. 表达式"World Wide Web"$"World"结果为＿＿＿＿＿。

24. 表达式"World"=="Win"结果为_____。

25. 备注型字段的长度固定为_____。

26. VAL("123.45")值是_____。

27. 字符型数据的最大长度是_____。

28. STR(109.87,7,3)的值是_____。

29. EOF()是测试函数，当正使用的数据表文件的记录指针已达到尾部时，其函数值为_____。

第二篇
基础操作

- 掌握如何用可视化工具建立数据库、数据表和视图；
- 掌握如何用 SQL 命令建立数据库、数据表和视图；
- 掌握如何用可视化工具浏览数据库数据；
- 掌握如何用可视化工具更新数据库数据；
- 掌握如何用 SQL 命令查询数据库数据；
- 掌握如何用 SQL 命令更新数据库数据；
- 掌握简单的数据管理、分析和使用技术。

第3章
数据表的建立与操作

实验一　数据表的创建

一、实验目的

（1）掌握通过 create 命令打开表设计器，建立数据表的方法。
（2）掌握通过菜单命令打开表设计器，建立数据表的方法。

二、实验任务

（1）数据表结构的建立。
（2）数据表记录的输入。

三、实验过程

（1）用命令方式创建数据表。

在命令窗口键入 create student 命令，按<Enter>键打开表设计器，建立 student 数据表，如图 3-1 所示。

（2）依照下面的表结构，利用表设计器创建 student 数据表。

字段名	字段类型	字段宽度	小数点位数
学号	字符型	12	—
姓名	字符型	8	—
性别	字符型	2	—
出生日期	日期型	8	—
年龄	数值型	2	0
籍贯	字符型	8	—
专业	字符型	20	—
简历	备注型	4	—
照片	通用型	4	—

① 从 Visual FoxPro 6.0 系统主菜单中选择"文件"菜单中的"新建"命令（或者单击常用工具栏中的"新建"按钮），进入"新建"窗口。

② 在"新建"窗口中选择单选按钮"表"，再单击"新建文件"按钮，进入"创建"窗口。

③ 在"创建"窗口，输入要建立表的名字"student"，然后单击"保存"按钮，进入"表设计器"窗口。

④ 在"表设计器"窗口，根据需要定义表中字段的名字、类型和宽度，如图 3-2 所示。

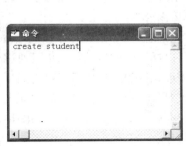

图 3-1 命令窗口

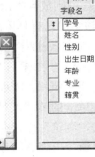

图 3-2 "表设计器"窗口

（3）当表中所有字段的属性定义完毕，单击"确定"按钮，进入"Microsoft Visual FoxPro"系统提示窗口，如图 3-3 所示。

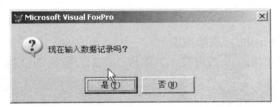

图 3-3 提示对话框

（4）在"Microsoft Visual FoxPro"系统提示窗口，如果单击"是"按钮，即可以编辑方式向表输入数据；如果单击"否"按钮，将结束表结构的建立。

（5）输入如下 6 条记录。

20091211101	陈海龙	男	1994-6-12	19	国际贸易	江西省九江市
20091211102	吴莉莉	女	1993-8-11	20	国际贸易	陕西省安康市
20091211103	赵媛媛	女	1994-12-18	19	国际贸易	黑龙江省齐齐哈尔市
20091212101	田纪	男	1993-11-23	20	金融	浙江省宁波市
20091212102	唐糖	女	1992-11-25	21	金融	山东省莱阳市
20091212103	刘志刚	男	1992-5-17	21	金融	山东省淄博市

进入记录输入窗口后，可以选择"显示"菜单中的"浏览"模式或者"编辑"模式。在某条记录的各个字段名对应的位置上单击鼠标，然后输入对应的字段值。可以选择执行"显示"菜单中的"追加方式"命令连续追加多条记录。过程为按记录顺序逐个输入各数据项，输入完成一条记录后，即可单击下一行的相应字段输入框输入下一条记录的内容。或执行"表"菜单中的"追加新记录"命令，每执行一次单击输入框添加一条新记录。输入时应注意，输入数据的类型、宽度和取值范围等必须与该字段已设定的属性一致。

输入日期时，可按默认的 mm/dd/yy 格式输入，若要按 yy/mm/dd 的格式输入，可在命令窗口中执行 SET DATE ANSI 命令；若需要年份为 4 位数，则可在命令窗口中执行 SET CENTURE ON 命令。

在记录输入窗口中，当光标停留在备注型字段的 memo 字样上时，按<Ctrl+PgDn>组合键或双击 memo 字样均可打开备注型字段编辑窗口，即可输入或修改具体的备注内容。输入的文本可以复制、粘贴，并可以设置字体与字号。输入或编辑完成后，可单击关闭按钮或按<Ctrl+W>组合键关闭编辑窗口并存盘，若按<Esc>键或<Ctrl+Q>组合键则放弃本次备注内容的输入和修改。数据表中备注型字段的 meno 字样变为 Memo，则表示该字段已有具体内容。

在记录输入窗口中通用型字段显示为 gen 字样，类似备注型字段的输入，通用型字段的 gen 字样变为 Gen，则表示该字段已有具体内容。通用型字段的数据可以通过剪贴板粘贴，也可通过"插入对象"的方法来插入各种 OLE 对象。例如，要输入照片，需事先将照片扫描后保存为图片文件，打开通用型字段编辑窗口后，执行"编辑"菜单下的"插入对象"命令，在弹出的"插入对象"对话框中选定"由文件创建"单选按钮，单击"浏览"按钮在磁盘上选取所需插入的图片文件，再单击"确定"按钮后即可在通用型字段编辑窗口出现该照片。

四、实验分析

本实验要求学生掌握自由表的表结构的建立、各种字段类型的设置方法以及表记录的输入方法。

五、实验拓展

建立一个商品数据表 sp.dbf，表结构如下。

SP(货号 C(6)，品名 C(8)，是否进口 L，单价 N(8,2)，数量 N(2,0)，订货日期 D，生产单位 C(16)，摘要 M，商标 G)

记录如下。

货号	品名	是否进口	单价	数量	订货日期	生产单位	备注
LX-750	影碟机	T	5900	4	08/10/96	松下电器公司	
YU-120	彩电	F	6700	4	10/10/96	上海电视机厂	
AX-120	音响	T	3100	5	11/10/95	日立电器公司	
DV-430	影碟机	T	2680	3	09/30/96	三星公司	9月1日起调价
FZ-901	取暖机	F	318	6	09/05/96	中国富利公司	
LB-750	音响	T	4700	8	12/30/95	松下电器公司	
SY-701	电饭锅	F	258	10	08/19/96	上海电器公司	本品属改进型
NV-920	录放机	T	1750	6	07/20/96	先锋电器	

实验二 数据表的基本操作

一、实验目的

熟练掌握数据表日常维护的基本操作方法。

二、实验任务

数据表的基本操作具体内容如下。

（1）表结构的修改。

（2）表记录的显示和修改。

（3）表记录的追加。

（4）表记录的定位。

（5）表记录的删除与恢复。

（6）表中字段的替换。

三、实验过程

对已建立的 student 表执行各种操作。

（1）修改表结构中"专业"字段的宽度为 12 个字符，并添加一个备注型的"备注"字段。

① 在 Visual FoxPro 6.0 系统主菜单中选择"文件"→"打开"命令，进入"打开"窗口。

② 在"打开"窗口中输入要修改结构的表名"student"，单击"确定"按钮返回 Visual FoxPro 6.0 系统主菜单。

③ 在 Visual FoxPro 6.0 系统主菜单中选择"显示"→"表设计器"命令，进入"表设计器"窗口。单击"专业"字段，将此字段的宽度修改成 12 个字符，如图 3-4 所示。

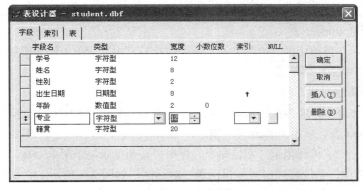

图 3-4　修改字段宽度窗口

（2）在"性别"和"出生日期"字段之间增加一个"政治面貌"字段。

① 把光标移到"出生日期"字段，然后单击"插入"按钮。此时，在光标所在处增加一个"新字段"，如图 3-5 所示。将新字段文本框中修改成"政治面貌"，然后设置类型为"字符型"，宽度为 4。

② 表结构修改好以后，单击"确定"按钮，进入"Microsoft Visual FoxPro"系统提示窗口，如图 3-6 所示。单击"是"按钮，以确认修改后的表结构；单击"否"按钮，则放弃修改表结构。

（3）通过菜单用"浏览"窗口浏览并修改 student 表。

① 打开 student 表。

② 单击"显示"菜单，选择"浏览"命令，进入"浏览"窗口。

③ 在"浏览"窗口可以直接修改数据表的任意字段值。

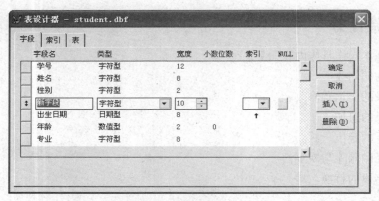

图 3-5　增加新字段窗口

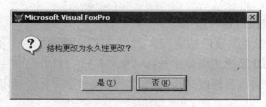

图 3-6　提示对话框

（4）为 student 表的最后追加如下所示新记录。

200912121004	徐姗姗	女	1994-8-11	19	金融	内蒙古呼和浩特

①　打开并浏览 student 表。

②　执行"显示"菜单中的"追加方式"命令或执行"表"菜单中的"追加新记录"命令，均可在"浏览"窗口中添加新记录。

③　在相应的属性列填入相应信息。

（5）在 student 表中，将当前记录定位在"学号"是"200912121002"的记录上。

①　打开 student 表，显示 student 表"浏览"窗口。

②　选择"表"→"转到记录"定位命令，弹出"转到记录"子菜单。在"转到记录"子菜单中选择"定位"选项，系统将弹出"定位记录"对话框，如图 3-7 所示。在作用范围下拉列表框中选择"All"，在"For"文本框中输入条件表达式学号="200912121002"，单击"定位"按钮，记录指针将指向满足条件的第一个记录。

（6）删除与恢复 student 表中男生的记录。

①　打开 student 表，选择"表"→"删除记录"，进入"删除"窗口。

②　在"删除"窗口，如图 3-8 所示，单击"作用范围"列表框中的下拉箭头，选择"All"，在"For"文本框中输入条件表达式性别="男"。

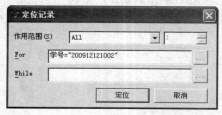

图 3-7　"定位记录"窗口

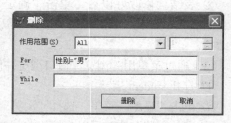

图 3-8　"删除记录"窗口

③ 单击“删除”按钮，回到“浏览”窗口，表中“性别”是“男”的记录都打上了删除标记，如图 3-9 所示。

Student

学号	姓名	性别	出生日期	年龄	籍贯	专业	简历	照片
200912111001	陈海龙	男	94.06.12	19	江西省九江市	国际贸易	Memo	Gen
200912111002	吴莉莉	女	93.08.11	20	陕西省安康市	国际贸易	Memo	Gen
200912111003	赵媛媛	女	94.12.18	19	黑龙江省齐齐哈尔市	国际贸易	Memo	Gen
200912121001	田纪	男	93.11.23	20	浙江省宁波市	金融	Memo	Gen
200912121002	唐糖	女	92.11.25	21	山东省莱阳市	金融	Memo	Gen
200912121003	刘志刚	男	92.05.17	21	山东省淄博市	金融	Memo	Gen

图 3-9　“删除标记”图示

④ 在“浏览”窗口中选择“表”→“恢复记录”命令，打开“恢复记录”窗口，在“恢复记录”窗口的“作用范围”下拉列表框中选择“All”，在“For”文本框中输入条件表达式性别=“男”，再单击“恢复记录”按钮，表中的删除标记便被除去。

⑤ 如果在恢复记录之前，选择“表”→“彻底删除”命令，则表中男生的记录会被彻底删除。

（7）将所有学生的年龄增加一岁。

在命令窗口中输入：

```
Replace all 年龄 with 年龄+1
```

（8）在第三条记录之后插入一条新记录，记录内容如下。

200912111004	陈亮	女	1994-8-20	19	国际贸易	山东济南

在命令窗口中输入下列命令行。

```
Go 3
Insert blank
```

然后在弹出的窗口输入相应记录。操作结果如图 3-10 所示。

Student

学号	姓名	性别	出生日期	年龄	专业	籍贯	简历	照片
20091211101	陈海龙	男	06/12/94	19	国际贸易	江西省九江市	Memo	Gen
20091211102	吴莉莉	女	08/11/93	20	国际贸易	陕西省安康市	Memo	Gen
20091211103	赵媛媛	女	12/18/94	19	国际贸易	黑龙江省齐齐哈尔市	Memo	Gen
20091211104			/ /				memo	gen
20091212101	田纪	男	11/23/93	20	金融	浙江省宁波市	Memo	Gen
20091212102	唐糖	女	11/25/92	20	金融	山东省莱阳市	Memo	Gen
20091212103	刘志刚	男	05/17/92	21	金融	山东省淄博市	Memo	Gen
20091212104	徐姗姗	女	08/11/94	19	金融	内蒙古呼和浩特	memo	gen

图 3-10　任意位置插入记录结果

（9）将每个学生的学号的最后一位在数值意义上加 6。

在命令窗口中输入下列命令。

```
Replace all 学号 with str(val(学号)+6,11)
```

四、实验分析

本实验主要让学生掌握数据表中自由表的创建方法以及对自由表的各项操作，即如何修改数据表的结构和记录内容，如何添加、删除以及恢复表中的记录。

五、实验拓展

（1）建立一个名为"职工档案"的自由表，表结构如下。

字段名	类型	宽度	小数位
编号	字符型	8	
姓名	字符型	8	
性别	字符型	2	
出生日期	日期型	8	
年龄	整型	4	
职称	字符型	6	
基本工资	数值型	8	2
婚否	逻辑型	1	
备注	备注型	4	
照片	通用型	4	

记录如下。

编号	姓名	性别	出生日期	年龄	职称	基本工资	婚否	备注	照片
2000102	张立功	男	08/16/67	35	工程师	960.00	T	Memo	Gen
2000103	薛小妹	女	09/20/68	34	工程师	960.00	T	Memo	Gen
2000104	王刚	男	03/25/48	54	高工	1280.00	T	Memo	Gen
2000105	蒋大伟	男	10/14/56	46	工程师	960.00	F	Memo	Gen
2000106	李永远	男	09/15/52	50	高工	1280.00	T	Memo	Gen
2000107	马丽	女	11/25/78	24	助工	760.00	F	Memo	Gen
2000108	张小龙	男	06/12/66	36	工程师	880.00	F	Memo	Gen
2000109	王永清	男	08/09/57	45	高工	1088.00	T	Memo	Gen
2000110	严奇	男	05/17/77	25	助工	760.00	F	Memo	Gen
2000111	李平	女	02/01/71	31	工程师	880.00	T	Memo	Gen
2000112	温峥嵘	女	08/09/80	22	助工	700.00	F	Memo	Gen

（2）将职称为"助工"和"工程师"的人的基本工资增加 60 元。

实验三　数据表的排序

一、实验目的

了解数据表排序的两种方法，熟练掌握逻辑排序。

二、实验任务

（1）数据表的物理排序。

（2）数据表的逻辑排序。

① 建立索引项。

② 使建立的索引项生效。

③ 使用命令方式，综合多种索引文件进行逻辑排序。

三、实验过程

（1）将学生数据库中的 score 表按照成绩排序，新建"成绩顺序"表，并将排序结果放入该表以及浏览该表内容，在命令窗口依次键入如下命令行。

```
Use score
Sort on 成绩 to 成绩顺序
Use 成绩顺序
Browse
```

实验说明：本操作是物理排序方式，将会生成一个与原表结构相同，记录内容一致，但是按照要求顺序排列的新数据表。

（2）使用菜单，为学生数据库中的 student 表，以"出生日期"字段的升序索引建立结构复合索引文件，显示逻辑排序结果。

① 打开 student 表，执行"显示"菜单下的"表设计器"命令，或在命令窗口执行"MODIFY STRUCTURE"命令，均可打开"表设计器"对话框。在"表设计器"对话框的"字段"选项卡中，选中"出生日期"字段后，用鼠标单击其"索引"列中的下拉列表框，选择"升序"，将建立一个对应当前字段的普通索引，此索引项的标识名与该字段同名，索引表达式即为该字段变量，如图 3-11 所示。

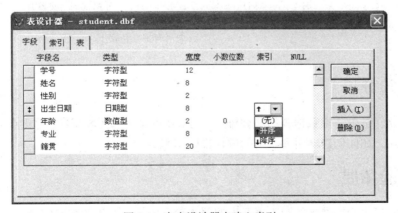

图 3-11 在表设计器中建立索引

② 在表的浏览状态下，选择"表"→"属性"命令，可以打开"工作区属性"对话框，单击"索引顺序"列中的下拉列表框，选择"student：出生日期"，如图 3-12 所示。则数据表将按照建立的"出生日期"索引项显示逻辑排序的结果。

实验说明：文件夹中会自动生成一个与数据表同名，但是扩展名为.CDX 文件，称为结构复合索引文件，它随数据表的打开而打开，在对数据表记录进行修改时会自动得到维护。

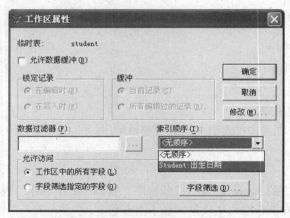

图 3-12　使建立的索引生效

（3）用命令的方式，为 student 表建立单一索引文件"学号降序排序"，将所有记录按"学号"降序排列。再为 student 表建立一非结构复合索引文件"年龄性别排序"，建立索引项"年龄性别"，将所有记录先按"年龄"升序排列，"年龄"相同时再按"性别"升序排列。先按照单一索引文件查看排序结果，再按照非结构复合索引文件查看排序结果，最后查看原表物理顺序。

```
Use student
Index on 学号 to 学号降序排序                &&建立单一索引文件"学号降序排序"
Index on str(年龄,2)+性别 tag 年龄性别 of 年龄性别排序        &&建立索引项为"年龄性别"的非结构复
合索引文件"年龄性别排序"
Set index to 学号降序排序                &&打开单索引文件
Set order to 学号降序排序 descending        &&使单索引文件按降序排列
Browse
Set order to tag 年龄性别            &&打开非结构复合索引文件，"年龄性别"使索引项生效
Browse
Set order to 0                    &&取消当前的主索引
Browse
```

四、实验分析

本实验主要让学生掌握数据表的两种排序方法：物理排序和逻辑排序，并重点掌握逻辑排序，也就是索引方式，如何创建索引和索引的逻辑排序作用等。

五、实验拓展

（1）为实验二实验拓展中的职工档案表按照年龄升序排序，年龄相同的情况下，再按照职称排序，并将排序结果保存成新的自由表。

（2）为该表的结构复合索引文件建立索引项，分别代表基本工资的升序排列和性别的降序排列。

（3）建立单一索引文件，体现按照基本工资排序，如果基本工资相同，再按照性别排序的逻辑排列方式。

综合练习

一、单选题

1. 在 Visual FoxPro 6.0 的配置属性环境中，若要执行"选项"命令，应在（　　）菜单中选择。

　　A. "编辑"　　　　　　B. "视图"　　　　C. "格式"　　　　D. "工具"

2. 在 Visual FoxPro 6.0 中，打开命令窗口的操作正确的是（　　）。

　　A. 单击常用工具栏上的"命令窗口"按钮

　　B. 单击"窗口"菜单中的"命令窗口"命令

　　C. 按<Ctrl+F2>组合键

　　D. 以上都可以

3. 下列关于工具栏的说法中，错误的是（　　）。

　　A. Visual FoxPro 6.0 中的工具栏可以随时显示或隐藏

　　B. 可以创建自己需要的工具栏

　　C. 可以删除系统提供的工具栏

　　D. 可以修改系统提供的工具栏

4. 打开"选项"对话框，要设置"在索引中不出现重复记录"的属性，应选择（　　）选项卡。

　　A. "显示"　　　　　　B. "常规"　　　　C. "数据"　　　　D. "区域"

5. 在"命令"窗口中输入（　　）命令可退出 Visual FoxPro 6.0。

　　A. DIR　　　　　　B. CLEAR　　　　C. QUIT　　　　D. DELETE

6. 下列关于从"项目管理器"中移去文件的说法中，正确的是（　　）。

　　A. 移去文件是将文件从项目文件中移去

　　B. 移去文件是将文件从磁盘上彻底删除

　　C. 移去文件后再也不能恢复

　　D. 移去文件与删除文件相同

7. Visual FoxPro 6.0 支持的两种工作方式是（　　）。

　　A. 交互操作方式和程序执行方式

　　B. 命令方式和菜单工作方式

　　C. 命令方式和程序方式

　　D. 交互操作方式和菜单工作方式

8. 下面关于"关系"的描述中，正确的是（　　）。

　　A. 同一个关系中允许有完全相同的元组

　　B. 在一个关系中元组必须按关键字升序存放

　　C. 在一个关系中必须将关键字作为该关系的第一个属性

　　D. 同一个关系中不能出现相同的属性名

9. 若当前数据表含有字符型字段"性别"，要查找第二个性别为男的记录，使用的命令是（　　）

　　A. LOCA　FOR　性别="男"；CONTINUE

　　B. LOCA　FOR　性别="男"；NEXT　2

    C. LOCA　FOR　性别="男"；LOCA　FOR　性别="男"

    D. LOCA　FOR　性别="男"；NEXT　2

10. 执行以下命令

```
USE STUDENT
LIST  NEXT  10 FOR 性别="男"
LIST  WHILE  性别="男"
```

先后显示了各包含 10 条记录的记录清单，这说明当前的文件中（　　　）。

    A. 至少有 10 个记录，并且这头 10 个记录被显示了两遍

    B. 至少有 19 个记录，并且这头 19 个记录的"性别"字段值都为"男"

    C. 只有 20 个记录，并且所有记录的"性别"字段值都为"男"

    D. 至少有 20 个记录，并且这头 19 个记录的"性别"字段值都为"男"

11. 在 Visual FoxPro 6.0 的一个工作区中可打开（　　　）个表。

    A. 1　　　　　　　B. 2　　　　　　　C. 无数　　　　　　　D. 用户自定义

12. 在 Visual FoxPro 6.0 中，自由表字段名最长为（　　　）个字符。

    A. 1　　　　　　　B. 2　　　　　　　C. 10　　　　　　　D. 若干个

13. 下列关于字段名的命名规则，错误的是（　　　）。

    A. 字段名中可以包含空格

    B. 字段名必须以字母或汉字开头

    C. 字段名可以由字母、汉字、下划线、数据组成

    D. 字段可以是汉字或合法的西方标识符

14. 定位记录时，可以用（　　　）命令向前或向后移动若干条记录位置。

    A. SKIP　　　　　B. GOTO　　　　　C. GO　　　　　D. LOCATE

15. 打开数据表文件后，当前记录指针指向 50，要使指针指向记录号为 10 的记录，应使用命令（　　　）。

    A. LOCATE 10　　B. SKIP –40　　　C. GO 10　　　　D. SKIP 40

16. 在 Visual FoxPro 6.0 中，建立索引的作用之一是（　　　）。

    A. 节省存储空间　　　　　　　　B. 便于管理

    C. 提高查询速度　　　　　　　　D. 提高查询和更新的速度

17. 在 Visual FoxPro 6.0 中，学生表 student 中通用型字段里的数据均存储到另一个文件中，该文件名为（　　　）。

    A. student.doc　　B. student.mem　　C. student.dbf　　D. student.fpt

18. 要恢复逻辑删除的记录，可以（　　　）。

    A. 重新输入　　　　　　　　　　B. 用鼠标重新单击删除标记

    C. 按 Esc 键　　　　　　　　　　D. 使用 SET DELETE OFF 命令

19. 当前工资表中有 108 条记录，当前记录号为 8，用 Sum 命令计算工资总和时，若缺省范围，则系统将（　　　）。

    A. 只计算当前记录的工资值　　　　B. 计算前 8 条记录的工资和

    C. 计算后 8 条记录的工资和　　　　D. 计算全部记录的工资和

20. 下列关于逻辑删除和物理删除的说法中，正确的是（　　　）。

    A. 逻辑删除不可恢复，物理删除可恢复

B. 逻辑删除可恢复，物理删除不可恢复

C. 两者均可恢复

D. 两者均不可恢复

二、填空题

1. 已知学生表（xsb. dbf）中的数据如下。

记录号	学号	姓名	性别	出生日期	系名代号
1	000107	王大凯	男	09/02/82	02
2	000101	李红兵	男	03/09/92	02
3	000108	刘小华	女	10/07/82	02
4	000102	吴刚	男	12/89/83	02
5	000106	黄绒	女	09/09/82	02
6	000109	张记钟	男	02/06/84	02

则依次执行下列命令后，屏幕上显示的结果为_____和_____。

```
USE XSB
SET ORDER TO XSXH    &&XSXH 索引标识已建，它是根据学号字段创建的升序索引
GO TOP
SKIP
? RECNO()
GO BOTTOM
? RECNO()
```

2. 已知 JS 表有 100 条记录，执行了下列命令后，RECNO()函数的返回值是_____。

```
USE JS
SKIP 1;GO BOTTOM
SKIP 2
?RECNO( )
```

3. 打开一张空表后，分别用函数 EOF（　　　）和 BOF（　　　）进行测试，其测试结果一定是_____和_____。

4. 在浏览器中添加记录的快捷键是_____，与"表"菜单中的_____命令等效。

5. 编辑 Memo 型字段时，可以使用组合键_____打开备注窗口。

三、操作题

对实验一建立的 sp.dbf 商品数据表，分别进行以下操作，请写出相应的命令。

（1）显示第 5 个记录。

（2）显示第 3 个记录开始的 5 个记录。

（3）显示第 3 个记录到第 5 个记录。

（4）显示数量少于 5 的商品的货号、品名与生产单位。

（5）显示进口商品或 1995 年订货的商品信息。

（6）显示上海商品信息。

（7）列出单价大于 4000 元的进口商品信息或单价大于 5000 元的国产商品信息。

（8）列出 1995 年开单的商品的货号、品名与开单日期，其中单价按 9 折显示。

（9）显示从第 3 个记录开始的所有国产商品信息。

（10）列出货号的后 3 位为"120"的全部商品信息。

（11）列出货号的第一个字母为"L"或者第 2 个字母为"V"的全部商品信息。

（12）列出公司生产的单价大于 3000 元的所有商品。

（13）复制 sp.dbf 的结构到 SP1，并将复制后的表结构显示出来。

（14）复制一个仅有货号、品名、单价和数量 4 个字段的表结构形成新表 sp2.dbf。

（15）将 sp.dbf 复制为表 SP3。

（16）复制货号、品名、单价和数量 4 个字段，形成新表 sp4.dbf。

（17）将第 2 到第 6 个记录中单价不小于 3000 元的进口商品复制为表 sp5.dbf。

（18）将 1996 年 1 月 1 日及以后开单的商品复制表 sp6.dbf。

（19）将"松下电器公司"改为"松下电器"。

（20）将每种商品的货号的最后一位在数值意义上加 6。

（21）在第 3 个记录与第 7 个记录上分别加上删除标记。

第4章
数据库的建立与维护

实验一　数据库的基本操作

一、实验目的

（1）掌握添加或新建数据库表，从而建立数据库的方法。

（2）掌握数据库表的操作和属性设置。

（3）掌握数据库表中索引类型的选择及应用。

（4）掌握建立数据库中两表的表间关系的方法。

二、实验任务

（1）添加、新建或者移除数据表，建立数据库。

（2）对数据库表设置字段有效性规则实现字段约束。

（3）数据库两表表间关系的建立。

（4）数据库表间的参照完整性约束设置。

三、实验过程

1. 创建"学生数据库"，并添加所需数据表文件

（1）执行"文件"菜单下的"新建"命令，弹出"新建"对话框。

（2）在"新建"对话框中，选定"数据库"后单击"新建文件"按钮。

（3）在打开的"创建"对话框中，选定保存该数据库文件的文件夹并输入数据库名称："学生数据库"，单击"保存"按钮。此时，将打开"数据库设计器"窗口，同时弹出"数据库设计器"工具栏，如图4-1所示。

（4）在"数据库设计器"窗口内，单击或右键选择"添加表"命令，即可根据需要将已有的student、course和score数据表添加进来，并可进行其他有关的操作。

实验说明：也可以通过新建数据表的方式来增加数据库中的数据库表。读者可以体会到没打开数据库时，新建的数据表是自由表，而打开了一个任意数据库后，新建立的数据表就自然地成为隶属于该数据库的数据库表了。

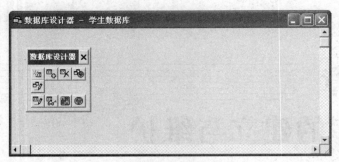

图 4-1　"数据库设计器"窗口

（5）在"数据库设计器"窗口，选定不再需要的数据库表，执行主窗口"数据库"菜单中的"移去"命令，或者右键单击该表，选择"移去"，就可以将此不需要的数据库表移出数据库从而变成自由表。

2. 给"学生数据库"数据库中的 score 表中的"成绩"字段设置有效规则

（1）打开"学生数据库"数据库，进入数据库设计器窗口。

（2）在数据库设计器窗口中右键单击 score 表，在"数据库"快捷菜单中执行修改命令，进入"表设计器"窗口。

（3）在"表设计器"窗口中选定"成绩"字段，在"字段有效性"区中的"规则"文本框中，输入表达式"成绩<=100"（如果是较为复杂的表达式，也可以单击"规则"框旁边的"..."对话框按钮启动"表达式生成器"，在其中设置有效性表达式），单击"确定"按钮，完成对"成绩"字段有效规则的设置，如图 4-2 所示。

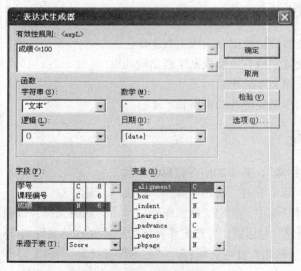

图 4-2　表达式生成器窗口

（4）在 score 表的浏览窗口中编辑或追加记录时，若"成绩"字段书写错误，系统会弹出提示窗口，如图 4-3 所示。

（5）在系统提示窗口，单击"还原"按钮，恢复字段原来状态，返回浏览窗口以备重新输入字段内容。

图 4-3　错误提示窗口

3. 在 student 表和 score 表之间建立一对多的永久关系

（1）打开"学生数据库"，进入数据库设计器窗口。

（2）打开 student 表，确定其为父表，并按学号字段建立索引名为"学号"的主索引。

① 打开 student 表，选择"显示"、"表设计器"命令，进入"表设计器"窗口。

② 在"表设计器"窗口中选择索引并确定索引方向为升序。

③ 在"表设计器"窗口中选择"索引"选项卡，设置索引类型为"主索引"，如图 4-4 所示。

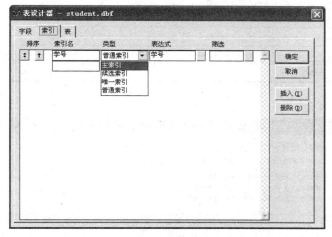

图 4-4　选择索引类型

（3）打开 score 表，确定其为子表，并按学号字段建立普通索引。

（4）在数据库设计器窗口，在父表的学号索引标识上按住鼠标左键不放，拖动到子表的学号索引标识上，释放鼠标按钮，我们可以看到两个表的索引标识之间有一条黑线相连接，表示出这两个表之间的一对多的永久关系，如图 4-5 所示。

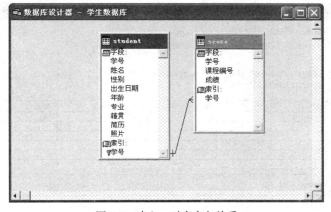

图 4-5　建立一对多永久关系

（5）设置 student 表和 score 表的参照完整性，实现更改和删除 student 表记录的时候 score 表更新，在删除 student 表的时候，score 表中的相应记录不被删除。

① 选择"数据库"—"清理数据库"命令。

② 选择"数据库"—"编辑参照完整性"命令。在弹出的"参照完整性生成器"对话框中分别设置"更新规则""删除规则"和"插入规则"3 个选项卡为"级联"、"级联"和"限制"。如图 4-6、图 4-7 和图 4-8 所示。

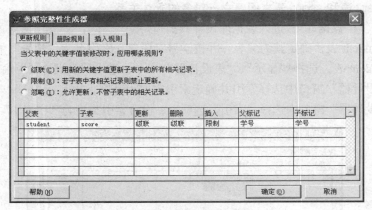

图 4-6 参照完整性生成器更新规则

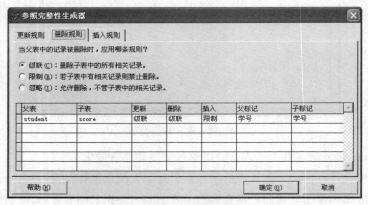

图 4-7 参照完整性生成器删除规则

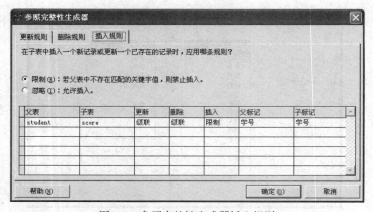

图 4-8 参照完整性生成器插入规则

③ 单击"确定"按钮，进入系统提示窗口，如图 4-9 所示。单击"是"按钮，以确认参照完整性的设置，单击"否"按钮，则放弃设置。

图 4-9　确认窗口

四、实验分析

本实验主要让学生了解数据库表与自由表的区别，掌握数据库的创建方法和对数据库的各项操作，即如何设置数据库表的属性，如何建立数据库表的索引项以及更改其索引类型，如何使用索引进行逻辑排序，如何建立表间的永久关系等。

五、实验拓展

向"学生数据库"中添加 course 表，表结构如下。

字段名	字段类型	字段宽度	小数点位数
课程编号	字符型	6	——
课程名称	字符型	20	——
课程学分	整型	4	——
课程性质	字符型	10	——

记录如下。

100101	大学语文	3	基础
100102	高等数学	3	基础
200101	货币银行学	4	专业
100101	计算机网络	4	专业

（1）请问 course 表和 score 表之间应建立什么样的表间关系？并建立出来。

（2）把每门课的课程学分增加一分。

实验二　数据库的多表操作

一、实验目的

客观世界是复杂多样的，各实体之间的关系错综复杂。一个数据库一般不是只包含两个数据表来描述实际问题，而是会包含多个数据表。这就需要我们掌握如何建立多个数据表之间的关系。通过多表间的综合实验练习，更加深刻理解数据库的特点和优势，为今后的学习打下坚实的基础。

二、实验任务

（1）创建一个学生数据库，其中包含 3 个数据库表，分别是 student、class 和 teacher，表内容如下。

student 表：

学号	姓名	性别	年龄	班级代码
s1	徐微	女	17	01
s2	辛华	男	18	01
s3	王玮	女	20	01
s4	李小欧	男	21	11
s5	张扬	男	19	11
s6	张辉	女	22	11
s7	王克非	男	18	21
s8	王枫	男	19	21

class 表：

班级代码	班级名称	班长代码	班主任代码
01	信息2003-1班	s1	T2
02	信息2003-2班	s2	T3
11	计算机科学2003-1	s4	T1
21	自动化2003-1	s7	T4

teacher 表：

教师名	教师代码	院系名称	联系电话
张小芳	T1	计算机系	6888-1
白晓黎	T2	信息系	6888-2
王家扬	T3	信息系	6888-2
迟宏	T4	自动化系	6888-3
赵明	T5	计算机系	6888-1
刘晓平	T6	自动化系	6888-3

（2）观察 3 个数据表的记录，分析各个表之间的联系，正确建立 3 个表之间的关联。

（3）为以上建立的联系设置参照完整性约束：更新规则为"级联"；删除规则为"限制"；插入规则为"限制"。

三、实验过程

（1）创建"学生数据库"，并按照图示建立 3 个数据库表 student 表、class 表和 teacher 表，如图 4-10 所示。

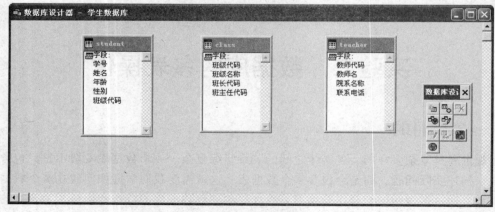

图 4-10   数据库设计器

（2）为 student 表创建一个普通索引（升序），普通索引的索引名和索引表达式均为班级代码。为 class 表创建一个主索引和普通索引（升序），主索引的索引名和索引表达式均为班级代码；普通索引的索引名和索引表达式均为班主任代码。为 teacher 表创建一个主索引，索引名和索引表达式均为教师代码，如图 4-11 所示。

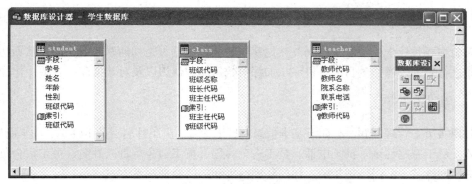

图 4-11　为各数据表创建相应的索引

（3）采用鼠标左键拖动的方式，通过"班级代码"字段建立表 class 和表 student 表间的永久联系；通过表 class 的"班主任代码"字段与教师表 teacher 的"教师代码"字段建立表 class 和表 teacher 间的永久联系，如图 4-12 所示。

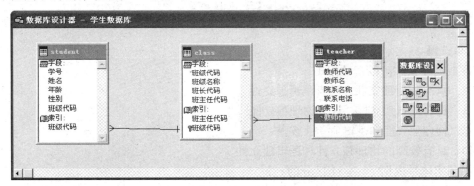

图 4-12　建立永久关系

实验说明：通过以上步骤可以看出，虽然是多表之间进行了关联，但操作时仍然要"两两"建立关系。

（4）用鼠标右键单击建立的表 class 和表 student 表间的永久联系，选择"编辑参照完整性"选项，打开"参照完整性生成器"对话框，如图 4-13 所示，并设置更新规则为"级联"；删除规则为"限制"；插入规则为"限制"。用同样的方法分别设置表 class 和表 teacher 间更新规则为"级联"；删除规则为"限制"；插入规则为"限制"。

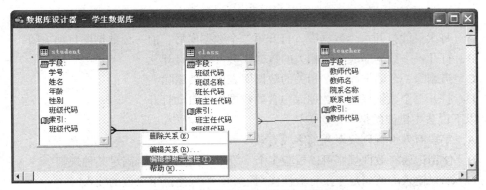

图 4-13　打开"参照完整性"对话框

四、实验分析

本实验主要是让学生了解 VFP 6.0 数据库中的大量数据表是如何联系起来的，从而达到对整个数据库进行查询等操作的目的，进一步加深对数据库的认识以及对数据库的各项操作的掌握。

五、实验拓展

面对现实员工管理问题，有如下基本信息：员工学号、员工姓名、员工性别、员工所属部门、员工年龄、员工家庭住址、员工电话、员工宿舍号码、员工宿舍负责人姓名、员工宿舍负责人电话、部门经理姓名、部门经理年龄、部门经理性别和部门经理联系方式。

请仔细分析，结合实际合理建立数据表，组织数据库，尽量消除数据冗余，避免数据修改带来的数据不一致性问题，比如说企业人员的流动和升迁、员工信息的改变等。从而形成更加简洁有效的数据库。

综合练习

一、单选题

1. 在数据库系统阶段，数据（　　　）。

   A. 具有物理独立性，没有逻辑独立性

   B. 具有逻辑独立性，没有物理独立性

   C. 物理独立性和逻辑独立性较差

   D. 具有较高的物理独立性和逻辑独立性

2. 不同实体是根据（　　　）区分的。

   A. 属性　　　　　B. 名称　　　　　C. 代表的对象　　　　D. 属性数量

3. 关系数据库的数据操作主要包括（　　　）两类操作。

   A. 插入和删除　　B. 检索和更新　　C. 查询和编辑　　　D. 统计和修改

4. 通过数据库系统可以（　　　）。

   A. 提高数据的共享性，使多个用户能够同时访问数据库中的数据

   B. 减小数据的冗余度，以提高数据的一致性和完整性

   C. 提供数据与应用程序的独立性，从而减少应用程序的开发和维护代价

   D. 以上答案均正确

5. 下列关于数据库和表的描述中，正确的是（　　　）。

   A. 每次只能打开一个数据库，打开第二个数据库后，前一个数据库自动关闭

   B. 打开一个数据库表时，相关的数据库会自动被打开

   C. 当删除一个数据库时，相关的数据库表也会被删除

   D. 打开一个数据库时，数据库包含的数据库表自动打开

6. 以下说法中错误的是（　　　）。

   A. 字段有效性规则仅对当前字段有效

   B. 使用记录有效性规则可以校验多个字段之间的关系是否满足某种规则

   C. 如果输入的值满足字段有效性规则要求，则拒绝该字段值的输入

   D. 字段有效性规则在字段值改变时发生作用，记录指针移动时进行记录有效性规则检查

7. 下列关于参照完整性的描述中，正确的是（　　　　）。

    A. 是指输入到字段中的数据的类型或值必须符合某个特定的要求

    B. 是指为记录赋予数据完整性规则，通过记录的有效性规则加以实施

    C. 是指相关表之间的数据一致性，它由表的触发器实施

    D. 是指用户通过编写的程序代码来控制数据的完整性

8. 参照完整性是用来控制数据的一致性。在 VFP 6.0 系统内，系统提供的参照完整性机制不能实现的是（　　　　）。

    A. 设置"更新级联"：更新主表主关键字段的值，用新的关键字值更新子表中所有相关的记录

    B. 设置"删除限制"：若子表中有相关记录，则主表禁止删除记录

    C. 设置"删除级联"：主表可以任意的删除记录，同时删除子表中所有相关记录

    D. 设置"插入级联"：主表插入新的记录后，在子表自动插入相应的记录

9. 在数据库 sjk 中有 xs 表和 cj 表。已知两表存在相同的 XH 字段，现以 xs 表为主表、cj 表为子表，按 XH 字段建立了永久关系并设置两表之间的参照完整性规则：更新限制。则以下说法中正确的是（　　　　）。

    A. 当更改了 cj 表中的 XH 字段值，将自动更改 xs 表中所有相关记录的 XH 字段值

    B. 当更改了 xs 表中的 XH 字段值，将自动更改 cj 表中所有相关记录的 XH 字段值

    C. 若 xs 表中的记录在 cj 表中有相关记录时，则禁止更改 xs 表中记录的 XH 字段的值

    D. 允许更改 xs 表中记录的 XH 字段的值，但不允许更改 cj 表中相关记录的 XH 字段的值

10. 已知 sjk 数据库中的两表 js 表和 rk 表基于 gh 字段存在"一对多"关系。现通过 gh 字段建立两表的"永久关系"，则下列说法中错误的是（　　　　）。

    A. 必须以 js 表为主表，rk 表为子表建立永久关系

    B. 在建立永久关系时，对 js 表的 gh 字段可以建索引，也可以不建索引，但对 rk 表的 gh 字段必须建立普通索引

    C. 在建立永久关系时，对 js 表的 gh 字段必须建立主索引或候选索引，对 rk 表的 gh 字段只能建立普通索引

    D. 建立的永久关系被保存在两表所属的 sjk 数据库中

11. 把实体——联系模型转换为关系模型时，实体之间多对多关系在关系模型中是通过（　　　　）。

    A. 建立新的属性来实现的　　　　　　B. 建立新的关键字来实现的

    C. 建立新的关系来实现的　　　　　　D. 建立新的实体来实现的

12. 在 Visual FoxPro 6.0 中，数据库完整性一般包括（　　　　）。

    A. 实体完整性、域完整性

    B. 实体完整性、域完整性、参照完整性

    C. 实体完整性、域完整性、数据完整性

    D. 实体完整性、域完整性、数据表完整性

13. 在向数据库添加表的操作中，下列叙述中不正确的是（　　　　）。

    A. 可以将一张"独立的"表添加到数据库中

    B. 可以将一个已属于一个数据库的表添加到另一个数据库中

    C. 可以在数据库设计器中新建表使其成为数据库表

    D. 欲使一个数据库表成为另外一个数据库的表，则必须先使它成为自由表

14. 在 Visual FoxPro 6.0 中，以共享方式打开一个数据表需使用的参数是（　　）。

    A. EXCLUSIVE　　　　B. SHARED　　　　C. NOUPDATE　　　　D. VALIDATE

15. 下列按钮中，哪一个是数据工作期窗口中没有的（　　）。

    A. 属性　　　　　　B. 打开　　　　　　C. 修改　　　　　　D. 关系

16. 在建立唯一索引时，当字段出现重复时，存储这些重复记录的（　　）。

    A. 第一个　　　　　B. 最后一个　　　　C. 全部　　　　　　D. 几个

17. 下面有关索引的描述中，正确的是（　　）。

    A. 建立索引以后，原来的数据库表文件中记录的物理顺序将被改变

    B. 索引与数据库表的数据存储在一个文件中

    C. 创建索引是创建一个由指向数据库表文件记录的指针所构成的文件

    D. 使用索引并不能加快对表的查询操作

18. 在 Visual FoxPro 6.0 的命令窗口中键入 CREATE DATA 命令以后，屏幕会出现一个创建对话框，要想完成同样的工作，还可以采取如下步骤（　　）。

    A. 单击“文件”菜单中的“新建”按钮，然后在新建对话框中选定“数据库”单选钮，再单击“新建文件”命令按钮

    B. 单击“文件”菜单中的“新建”按钮，然后在新建对话框中选定“数据库”单选钮，再单击“向导”命令按钮

    C. 单击“文件”菜单中的“新建”按钮，然后在新建对话框中选定“表”单选钮，再单击“新建文件”命令按钮

    D. 单击“文件”菜单中的“新建”按钮，然后在新建对话框中选定“表”单选钮，再单击“向导”命令按钮

19. 关于数据库表与自由表的转换，下列说法中正确的是（　　）。

    A. 数据库表能转换为自由表，反之不能

    B. 自由表能转换成数据库表，反之不能

    C. 两者不能转换

    D. 两者能相互转换

20. 当前目录下有数据库 db_stock,其中有数据库表 stock.dbf，该数据库表的内容如下。

股票代码	股票名称	单价	交易所
600600	青岛啤酒	7.48	上海
600601	方正科技	15.20	上海
600602	广电电子	10.40	上海
600603	兴业房产	12.76	上海
600604	二纺机	9.96	上海

如果在建立数据库表 stock.dbf 时，将单价字段的字段有效性规则设为“单价>0”，通过该设置，能保证数据的（　　）。

    A. 实体完整性　　　B. 域完整性　　　　C. 参照完整性　　　　D. 表完整性

二、操作题

1. 在指定文件下建立数据库 book.dbc，并把数据表 Rsgz 添加到该数据库中，数据表记录如下所示。

（1）将表 Rsgz 的所有记录的应发工资和实发工资计算出来填充到相应字段中，应发工资为基本工资、职务补贴的和，实发工资为应发工资减去社会保险和公积金。

（2）为表 Rsgz 建立普通索引 PK，索引表达式为"实发工资"。

2. 在指定文件夹下建立数据库 bookauth，并添加表 Books 和表 Authors 文件到该数据库中。数据表记录如下所示。

（1）为 Authors 表建立主索引，索引名为"PK"，索引表达式为"作者编号"。为 Books 表建立两个普通索引，第一个索引名为"PK"，索引表达式为"图书编号"，第二个索引名和索引表达式均为"作者编号"。

（2）建立表 Authors 和表 Books 之间的永久性联系。

3. 建立"宾馆"数据库，其中包含"客户"表、"客房"表、"价格"表和"入住"表，然后完成以下操作。

（1）打开"客户"表，为"性别"字段增加约束性规则：性别只能取"男"或"女"，默认值为"女"。

（2）为"入住"表创建一个主索引，索引名为 fkkey，索引表达式为"客房号+客户号"。

（3）根据各表的名称、字段名的含义和存储的内容建立表之间的永久联系，并根据要求建立相应的普通索引，索引名与创建索引的字段名相同，升序排序。

第5章
SQL 语言

实验一　数据库表的定义

一、实验目的

数据库表的定义涉及数据库的创建以及数据库表的结构、约束、索引以及关系等的建立和修改，通过本实验，要求学生达到以下实验目的。

（1）掌握使用 SQL 语句建立数据库的基本方法。

（2）掌握使用 SQL 语句定义和修改数据库表结构的基本方法。

（3）掌握使用 SQL 语句定义和修改数据库表约束的基本方法。

（4）掌握使用 SQL 语句定义和修改数据库表索引的基本方法。

（5）掌握使用 SQL 语句定义和修改数据库表关系的基本方法。

（6）提高对结构、约束、索引以及关系等概念的认识和理解。

二、实验任务

1. 实验任务

本实验要求学生用相应的 SQL 语句完成以下任务。

（1）创建数据库（学生）。

（2）创建数据库表（student、course、score）。

（3）建立数据库表之间的关系。

（4）修改数据库表的结构。

（5）建立数据库表的索引。

2. 实验数据

本实验所定义的数据库表的结构分别如表 5-1、表 5-2 以及表 5-3 所示。

表 5-1　　　　　　　　　　　　　表 student 的结构

字段名称	字段类型	字段宽度
学号	字符型(C)	12
姓名	字符型(C)	8

续表

字段名称	字段类型	字段宽度
出生日期	日期型(D)	8
性别	字符型(C)	2
年龄	整型(I)	4
专业	字符型(C)	8
籍贯	字符型(C)	20
照片	通用型(G)	4
简历	备注型(M)	4

表 5-2　　　　　　　　　　　　表 course 的结构

字段名称	字段类型	字段宽度
课程编号	字符型(C)	6
课程名称	字符型(C)	20
课程性质	字符型(C)	10
课程学分	整型(I)	4

表 5-3　　　　　　　　　　　　表 score 的结构

字段名称	字段类型	字段宽度
课程编号	字符型(C)	6
学号	字符型(C)	12
成绩	数值型(N)	6（2 位小数）

三、实验过程

1. 创建数据库

在 D 盘的根目录下创建一个文件夹 StudentSystem，打开 Visual FoxPro 6.0，使用选项对话框的文件位置选项卡将 StudentSystem 设置为默认目录。

在文件夹 StudentSystem 中创建空数据库"学生"，命令为：CREATE DATABASE 学生。

执行上述命令后，打开文件夹 StudentSystem，可以看到学生数据库的三个文件，它们的名称和大小分别为：名称为学生.dbc 的文件大小为 0KB；名称为学生.dct 的文件大小为 1KB；名称为学生.dcx 的文件大小为 0KB。请思考：这三个文件分别有什么作用？为什么学生.dct 的大小为 1KB，而其他的两个文件的尺寸是 0KB。

2. 创建数据库表

在学生数据库中使用 SQL 命令 CREATE TABLE 创建 student、course 和 score 三个数据表，它们的结构和 SQL 命令如下所示。

（1）student 表。该表关系模式为：student(学号 C(12),姓名 C(8), 性别 C(2), 出生日期 D, 年龄 I, 专业 C(8), 籍贯 C(20),简历 M, 照片 G)。相应的 SQL 命令如下。

```
CREATE TABLE student (学号 C(12),姓名 C(8),性别 C(2),出生日期 D, 年龄 I, 专业 C(8), 籍贯
C(20) ,简历 M, 照片 G)
```

（2）course 表。该表的关系模式为：course(课程编号 C(6),课程名称 C(20),课程学分 I,课程性质 C(10))。相应的 SQL 命令如下。

```
CREATE TABLE course (课程编号 C(6),课程名称 C(20),课程学分 I,课程性质 C(10))
```

（3）score 表。该表关系模式为：score(学号 C(12),课程编号 C(6),成绩 N(6,2))。相应的 SQL 命令如下。

```
CREATE TABLE score(学号 C(12),课程编号 C(6), 成绩 N(6,2))
```

执行上述命令后，打开文件夹 StudentSystem，可以看到文件夹新增加了 student.dbf、student.fpt、course.dbf、score.dbf 4 个文件，它们的大小都是 1KB。

细心的读者会发现：学生.dbc 的大小由 0KB 变为 5KB；学生.dct 的大小仍然是 1KB；学生.dcx 的大小由 0KB 变为 5KB。请思考：为什么学生.dbc 和学生.dcx 的大小会变大。

3. 建立数据库三个表之间的关系

学生数据库刚刚创建的 3 个数据表没有建立相应的索引和关系，这就使得学生数据库的 3 个表的数据逻辑上没有一体化。下面对数据表进行修改，建立有关的索引及关系。

（1）以学号为表达式，为 student 表建立主索引。相应的 SQL 命令如下。

```
ALTER TABLE student ADD PRIMARY KEY 学号 TAG PK_XH
```

（2）首先以课程编号为表达式，为 course 表建立主索引；然后修改字段课程名称，使它不能为空。相应的 SQL 命令如下所示。

```
ALTER TABLE course ADD PRIMARY KEY 课程编号 TAG PK_KCBH
```

执行上述命令后，打开文件夹 StudentSystem，可以看到文件夹新增加了两个 CDX 文件，请问它们各有什么作用？

（3）基于学号和课程编号为 score 表建立主索引，请读者独立写出命令。

（4）修改 score 表，使它与 student 表建立多对一关系，SQL 命令如下。

```
ALTER TABLE score ADD FOREIGN KEY 学号 TAG FK_XH;
                REFERENCES student TAG PK_XH
```

（5）修改 score 表，使它与 course 表建立多对一关系，SQL 命令如下。

```
ALTER TABLE score ADD FOREIGN KEY 课程编号 TAG FK_KCBH;
                REFERENCES course TAG PK_KCBH
```

（6）执行命令 OPEN DATABASE 学生，打开数据库设计器，数据库包含的数据表、数据表的结构以及数据表之间的关系就呈现在面前，如图 5-1 所示。

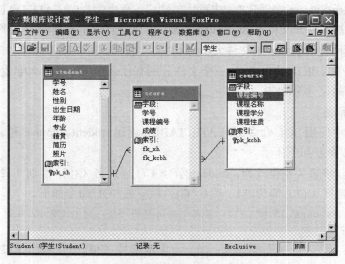

图 5-1　学生数据库的数据表及其关系

4. 修改数据库表的结构

（1）用 SQL 命令，在表 course 中增加一个字段"任课教师"。

```
ALTER TABLE course ADD COLUMN 任课教师 C(8)
```

执行上述命令后，打开表设计器，观察 course 表结构的变化。

（2）修改学生姓名的宽度为 10，修改学生籍贯的宽度为 60。相应的 SQL 命令如下。

```
ALTER TABLE student;
ALTER COLUMN 姓名 C(10);
ALTER COLUMN 籍贯 C(60)
```

5. 修改数据库表的约束

（1）用 SQL 命令，定义每个学生的成绩必须在 10 到 100 分之间，否则提示"成绩不在规定的范围内"。其 SQL 命令如下。

```
ALTER TABLE score ALTER COLUMN;
SET CHECK 成绩>=10 AND 成绩<=100 ERROR "成绩不在规定的范围中"
```

（2）定义任课教师的默认值设置为"老师"，成绩设置为 90 分。其 SQL 命令如下。

```
ALTER TABLE score;
ALTER COLUMN 任课教师 SET DEFAULT "老师";
ALTER COLUMN 成绩 SET DEFAULT 90
```

6. 修改数据库表的索引

（1）以"姓名+性别"为表达式，给表 student 建立候选索引。相应的 SQL 命令如下。

```
ALTER TABLE student ADD UNIQUE 学号+性别 TAG UK_XHXB
```

（2）基于姓名和出生日期两个字段给表 student 建立主索引。相应的 SQL 命令如下。

```
ALTER TABLE student ADD PRIMARY KEY 姓名+DTOC(出生日期) TAG PK_XMRQ
```

请思考：在第（2）个小题中，为什么索引表达式是"姓名+DTOC(出生日期)"，而不是"姓名+出生日期"？为什么在第（1）个小题中索引表达式是"姓名+性别"？

四、实验分析

本实验重点练习如何应用 SQL 语句对数据表的结构进行定义和修改，这包括数据库的创建、数据库表结构的创建和修改、数据库表约束的创建和修改、数据库表索引的建立以及数据库表关系的建立等。其中，数据库表结构的建立和修改是本次实验的重点和难点。

五、实验拓展

建立一个名为职工档案的自由表，该自由表的结构如表 5-4 所示。

表 5-4　　　　　　　　　　　　自由表职工档案的结构

字段名	类型	宽度	小数位
编号	字符型	8	
姓名	字符型	8	
性别	字符型	2	
出生日期	日期型	8	
年龄	整型	4	
职称	字符型	6	
基本工资	数值型	8	2
婚否	逻辑型	1	

请思考：是否可以将字段"婚否"的名称改为"是否已经结婚"，如果不可以，请说明原因？另外，编号改为整型是否合适？为什么？

实验二　数据库表的数据更新

一、实验目的

数据库表的数据更新涉及数据库表的记录插入、修改和删除等，通过本实验，要求用户达到以下实验目的：

（1）熟练掌握使用 SQL 更新命令对记录进行插入和导入的基本方法。

（2）熟练掌握使用 SQL 更新命令对记录进行修改的基本方法。

（3）熟练掌握使用 SQL 更新命令对记录进行删除的基本方法。

（4）理解数据定义和操纵之间的区别和联系。

二、实验任务

本实验要求用户用相应的 SQL 语句完成以下任务。

（1）在数据表中插入记录。

（2）在数据表中导入记录。

（3）在数据表中修改记录。

（4）在数据表中删除记录。

（5）数据表的物理排序。

本实验所需要素材包括：数据库"学生"及 3 个数据表 student、course、score；文件夹"照片"包含的学生照片文件；文件 score.xls 包括需要导入到数据表 score.dbf 中的数据。

三、实验过程

1. 在数据库表中插入记录

用 browse 命令在学生数据库的 student 表中插入图 5-2 所示的记录行，用 SQL 语句 INSERT 在 course 表中插入图 5-3 所示的记录行，用 Visual FoxPro 6.0 的导入功能从 Excel 文件 score.xls 中导入记录行，导入后表的查询结果如图 5-4 所示。

学号	姓名	性别	出生日期	年龄	专业	籍贯	简历	照片
200912111001	陈海龙	男	06/12/94	19	国际贸易	江西省九江市	Memo	Gen
200912111002	吴莉莉	女	08/11/93	20	国际贸易	陕西省安康市	Memo	Gen
200912111003	赵媛媛	女	12/18/94	19	国际贸易	黑龙江省齐齐哈尔市	Memo	Gen
200912121001	田纪	男	11/23/93	20	金融	浙江省宁波市	Memo	Gen
200912121002	唐糖	女	11/25/92	21	金融	山东省莱阳市	Memo	Gen
200912121003	刘志刚	男	05/17/92	21	金融	山东省淄博市	Memo	Gen

图 5-2　学生数据库的数据表 student

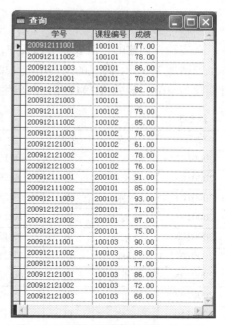

图 5-4　学生数据库的数据表 score

课程编号	课程名称	课程学分	课程性质
100101	企业管理	3	专业
100102	西方经济学	4	专业基础
100103	财务会计	3	专业基础
200101	大学语文	4	基础

图 5-3　学生数据库的数据表 course

2. 修改数据库表记录

（1）将 score 表的成绩全部增加 10 分。SQL 命令如下。

```
UPDATE score SET 成绩=成绩+10
```

（2）将 score 表中课程编号是"100101"学生成绩全部减少 10 分。SQL 命令如下。

```
UPDATE score SET 成绩=成绩-10;
        WHERE 课程编号="100101"
```

3. 删除数据库表记录

（1）将学号为"200912121003"的学生的成绩信息从 score 表中逻辑删除。命令如下。

```
DELETE FROM score WHERE 学号="200912121003"
```

（2）将学生吴莉莉在 score 表中的所有成绩信息逻辑删除。命令如下。

```
DELETE FROM score WHERE 学号=;
    (SELECT 学号 FROM student WHERE 姓名="吴莉莉")
```

4. 数据库表的物理排序

按照性别对数据表 student 中的记录进行降序排列，如果性别相同，按照姓名排列，排序结果保存在表 student_px 中。SQL 命令如下。

```
SELECT * FROM student;
ORDER BY 性别 DESC, 姓名;
INTO TABLE student_px
```

四、实验分析

本实验重点练习如何应用 SQL 语言对数据进行操纵，包括数据库表记录的插入、修改、删除和简单检索等。其中，数据表记录的插入、修改和删除是实验二的重点和难点。

五、实验拓展

在实验一创建的自由表职工档案中，用 SQL 命令插入表 5-5 所示的记录，接着将工程师的基本工资增加 100 元，高工的工资增加 120 元，助工的工资增加 60 元；然后将未婚的女职工的出生日期改为空值；最后将 1949 年以前出生的职工删除，即强制该职工退休。

表 5-5　　　　　　　　　　　　　　职工档案的记录清单

编号	姓名	性别	出生日期	年龄	职称	基本工资（元）	婚否
2000102	张立功	男	08/16/67	35	工程师	960.00	T
2000103	薛小妹	女	09/20/68	34	工程师	960.00	T
2000104	王刚	男	03/25/48	54	高工	1280.00	T
2000105	蒋大伟	男	10/14/56	46	工程师	960.00	F
2000106	李永远	男	09/15/52	50	高工	1280.00	F
2000107	马丽	女	11/25/78	24	助工	760.00	F
2000108	张小龙	男	06/12/66	36	工程师	880.00	F
2000109	王永清	男	08/09/57	45	高工	1088.00	T
2000110	严奇	男	05/17/77	25	助工	760.00	F
2000111	李平	女	02/01/71	31	工程师	880.00	T
2000112	温峥嵘	女	08/09/80	22	助工	700.00	F

请思考：用 INSERT 语句一条条插入记录很烦琐，有没有简捷的方法？

实验三　数据库表的数据查询

一、实验目的

（1）掌握使用 SELECT 命令进行普通查询的方法和技巧。
（2）掌握使用 SELECT 命令进行统计查询的方法和技巧。
（3）掌握使用 SELECT 命令进行多表查询的方法和技巧。

二、实验任务

（1）数据库表的简单查询。
（2）数据库表的高级查询。
本实验所需要素材包括：数据库"学生"及 3 个数据表 student、course、score。

三、实验过程

1. 数据库表的简单查询
按照下列要求对数据库中的数据进行查询。
（1）检索所有学生所有课程的平均分。
```
SELECT AVG(成绩) AS "平均成绩";
FROM score
```

（2）检索每门课程的平均分。

```
SELECT 课程编号,AVG(成绩) AS "课程平均成绩";
FROM score;
GROUP BY 课程编号
```

（3）检索至少选修了一门课的学生姓名。

```
SELECT 姓名 FROM student WHERE 学号 IN;
    (SELECT DISTINCT 学号 FROM score)
```

2. 数据库表的高级查询

按照下列要求对数据库中的数据进行查询。

（1）检索至少一门课 90 分以上的学生姓名。

```
SELECT 姓名 FROM student WHERE 学号 IN;
    (SELECT DISTINCT 学号 FROM score WHERE 成绩>=90)
```

（2）检索至少一门课 90 分以上的学生姓名及其所有课程的成绩。

```
SELECT student.姓名, score.课程编号, score.成绩;
FROM student INNER JOIN score ON student.学号=score.学号;
WHERE 学号 IN;
(SELECT DISTINCT 学号 FROM score WHERE 成绩>=90)
```

语句运行后出现图 5-5 所示的错误提示，请问上述语句应该怎样修改？

图 5-5　错误提示

思考：本题不使用嵌套查询是否也可以完成任务？

四、实验分析

本实验重点练习如何应用 SQL 语言对数据进行检索，包括数据库表的普通查询、数据库表的统计查询、数据库表的多表查询等。其中，数据表的普通查询和统计查询是实验三的重点，数据库表的多表查询是本实验的难点。

五、实验拓展

请设计需要外连接才能实现的任务，并写出相应的 SQL 语句，然后上机调试，看是否成功。

提示：外连接的应用场合很多，例如，"对大学语文在 90 分以上的学生显示学号、姓名、性别和成绩，而 90 分以下的学生只显示学号"就是一个典型的左外连接应用。

实验四　综合实验

一、实验目的

（1）巩固复习 Visual FoxPro 6.0 专有命令及工具定义和操纵数据库表的方法。

（2）巩固复习 SQL 命令定义和操纵数据库表的方法。

（3）比较分析 Visual FoxPro 6.0 专有命令和 SQL 命令在定义和操纵表时的优、缺点。

二、实验任务

（1）比较分析表设计器和 SQL 命令定义数据库表结构的优、缺点。

（2）比较分析在数据更新中，哪些控件操作可以用 SQL 命令代替。

（3）比较分析哪些 Visual FoxPro 6.0 专有命令可以用相应的 SQL 命令代替。

三、实验过程

本实验涉及的数据库（xsgl）包含学生信息表（student）、课程表（course）、成绩表（scores）3 个表，另外还涉及一个自由表 test。这些表的结构分别如表 5-6、表 5-7、表 5-8 和表 5-9 所示。

表 5-6　　　　　　　　　　表 student 的结构

字段名称	字段类型	字段宽度
学号	字符型(C)	6
姓名	字符型(C)	10
出生日期	日期型(D)	8
性别	字符型(C)	2
民族	字符型(C)	10
专业	字符型(C)	10
身高	数值型(N)	6（2 位小数）
照片	通用型(G)	4
个人简介	备注型(M)	4

表 5-7　　　　　　　　　　表 course 的结构

字段名称	字段类型	字段宽度
课程号	字符型(C)	10
课程名称	字符型(C)	16
课程类型	字符型(C)	10
学分	数值型(N)	3（1 位小数）
学时	整型(I)	4

表 5-8　　　　　　　　　　表 scores 的结构

字段名称	字段类型	字段宽度
课程号	字符型(C)	10
学号	字符型(C)	6
考试时间	日期型(D)	8
分数	数值型(N)	6（2 位小数）
考试地点	字符型(C)	10
及格否	逻辑型(L)	1

表 5-9		表 test 的结构		
字段名称		字段类型		字段宽度
教材编号		字符型(C)		15
教材名称		字符型(C)		40
出版社		字符型(D)		20
定价		数值型(N)		6（2 位小数）

1. 比较分析表设计器和 SQL 命令定义数据库表结构的优缺点

本实验首先要建立数据库 xsgl，然后在数据库中创建 student、course 以及 scores 这三个数据库表的结构。通过表设计器来创建表结构，相关内容前面章节都有非常详细的介绍，这里就不展开了。通过 SQL 命令建立这 3 个表的结构，下面给出了相应的命令。

（1）CREATE DATABASE XSGL

（2）CREATE TABLE student;

      (学号 C(6)，姓名 C(10)，出生日期 D，性别 C(2),民族 C(10),;

      专业 C(10)，　　身高 N(6,2)，照片 G，个人简介 M)

（3）CREATE TABLE course;

      (课程号 C(10)，课程名称 C(16)，课程类型 C(10),学分 N(3,1)，学时 I)

（4）CREATE TABLE scores;

      (课程号 C(10)，学号 C(6)，考试时间 D，分数 N(6,2),;

      考试地点 C(10)，及格否 L)

请读者在 Visual FoxPro 6.0 中，输入并执行上述命令，并仔细观察命令的执行结果，查看 SQL 命令创建的表结构和 Visual FoxPro 6.0 的表设计器创建的表结构是否相同，并分析两种方法的优、缺点。

2. 分析下面的数据更新操作，思考哪些控件操作可以用 SQL 命令代替

下面，基于图形工具对学生信息表（Student）、课程表（Course）、成绩表（Scores）3 个表完成增加、删除和修改记录等数据更新操作。另外，还涉及索引的创建等操作。请分析：哪些操作可以用 SQL 命令代替，如果可以，请给出相应的 SQL 命令。

（1）插入记录

① 选择"文件"菜单，选中"打开"菜单项，弹出图 5-6 所示的"打开"窗口。

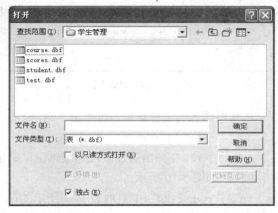

图 5-6　打开"表"窗口

② 在"文件类型"下拉列表框中选择"表(*.dbf)"类型。

③ 选中"独占"复选框，选择"student.dbf"数据表文件，单击"确定"按钮。

④ 单击"显示"菜单，选择"浏览"菜单项，则会弹出"编辑"窗口。

⑤ 单击"显示"菜单，选择"追加方式"菜单项。在追加状态下录入表 5-10 所示的记录。

表 5-10   表 "student.dbf" 追加的记录

学号	姓名	出生日期	性别	民族	专业	身高	照片	个人简介
090101001	赵伟强	02/24/89	男	汉族	计算科科学	168. 50		
090401002	刘丽	12/03/91	女	汉族	金融学	165. 00		
090401020	丁宁	08/08/90	男	苗族	经济	170. 50		
090101002	胡可	04/28/90	女	汉族	计算机科学	172. 50		
090102010	张磊磊	03/12/91	男	壮族	计算机科学	178. 00		
090202001	钱诗雯	01/02/90	女	汉族	软件工程	166. 50		

⑥ 照片的录入：双击"gen"，弹出图 5-7 所示的窗口。

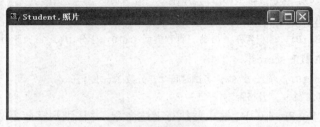

图 5-7   通用字段录入窗口

⑦ 单击"编辑"菜单下"插入对象"，弹出插入对象对话框，选择"由文件创建"，如图 5-8 所示。

图 5-8   插入对象窗口

⑧ 单击"浏览"按钮，选择要插入的文件对象，再单击"确定"按钮，文件就被插入到通用字段中了，如图 5-9 所示。

⑨ 备注字段的录入：双击备注字段，在弹出备注字段的编辑窗口中录入信息即可，如"2009-7 毕业于实验中学，优秀毕业生。"，如图 5-10 所示。

⑩ 重复以上必要步骤，向表"course.dbf"中追加表 5-11 所示的记录，向表"scores.dbf"中追加表 5-12 所示的记录。

图 5-9　插入照片

图 5-10　备注字段编辑窗口

表 5-11　　　　　　　　　　　　　　　表"course.dbf"追加的记录

课程号	课程名称	课程类型	学分	学时
T010101	英语一	基础课	4	60
T010201	高等数学	基础课	6	80
G010105	计算机文化基础	公共课	3	30
Z080201	宏观经济学	专业课	6	80
Z020501	植物学	专业课	5	70
X100002	书法	选修课	2.5	30

表 5-12　　　　　　　　　　　　　　　表"scores.dbf"追加的记录

课程号	学号	考试时间	分数	考试地点	及格否
T010101	090101001	12/28/09	86	1-110	T
T010101	090202001	12/28/09	88	1-110	T
T010101	090101001	12/28/09	55	1-112	F
G010105	090401002	12/29/09	68	2-212	T
G010105	090401020	12/29/09	75	2-213	T
Z080201	090401020	12/29/09	55	1-115	F
X100002	090101002	12/26/09	88	1-330	T
X100002	090102010	12/26/09	76	1-330	F
X100002	090202001	12/26/09	80	1-330	T

（2）删除记录

① 打开表"course.dbf"。

② 单击菜单"表"下"转到记录"，选择"记录号"，通过微调按钮，将记录指针定位在 3 号记录，如图 5-11 所示。

③ 用"删除记录"命令将 3 号记录开始到后 5 条记录中，学分为"2.5"记录加上删除标记，如图 5-12 所示。

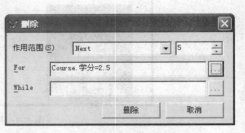

图 5-11 "转到记录"窗口   图 5-12 删除记录窗口

④ 用"恢复记录"命令恢复所有加删除标记的记录，如图 5-13 所示。

⑤ 用"转到记录"，选择"最后一个"，用"切换删除标记"命令添加删除标记，然后用"彻底删除"命令将该条记录删除。

（3）记录的修改

① 打开表"course.dbf"，使用"替换字段"命令将"课程类型"为"专业课"的改为"专业基础课"，刚刚打开的替换字段窗口如图 5-14 所示。

② 选择"字段"项选为"课程类型"。

③ "替换为"输入要替换的内容，即"专业基础课"。

④ "作用范围"选择"All"。

⑤ "For"项输入"课程类型="专业课""。

⑥ 单击"替换"完成。

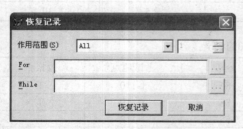

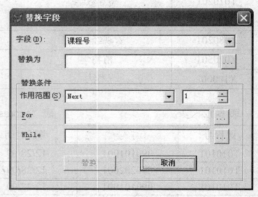

图 5-13 恢复记录窗口   图 5-14 替换字段窗口

（4）索引的创建

① 打开数据表"student"，选择"显示"菜单下"表设计器"，打开表设计器。

② 选择"学号"字段，单击"索引"下拉菜单，选择"升序"， 建立按学号字段升序的普通索引，如图 5-15 所示。

③ 单击索引选项卡，如图 5-16 所示。

④ 在"学号"字段下方索引名中输入"birthdate"，排序选择"降序"，类型选择"普通索引"，表达式输入"出生日期"。

⑤ 将"学号"索引修改为"主索引"，单击"确定"按钮完成创建索引。

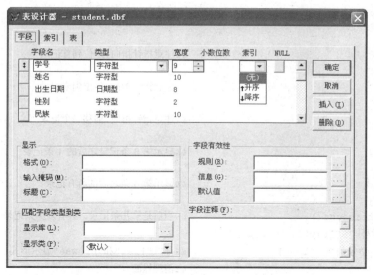

图 5-15 为"学号"字段建立索引

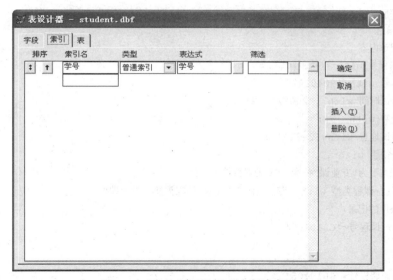

图 5-16 通过"索引"选项卡创建索引

3. 分析下面的实验过程，思考哪些 Visual FoxPro 6.0 专有命令可以用 SQL 命令代替

（1）数据更新

数据更新指的是记录的插入、修改和删除，使用传统的 Visual FoxPro 6.0 命令进行数据更新操作常常要进行记录的定位。请问：SQL 是否能完成下面的传统 Visual FoxPro 6.0 数据更新操作？如果能，请给出相应的 SQL 语句，并分析二者之间的异同。

① 记录的定位。

```
open database xsgl              &&打开"xsgl"数据库
use scores.dbf                  &&打开表"scores.dbf"
browse                          &&显示表记录，注意指针指向
go 5                            &&指针定位到第 5 条记录
browse                          &&注意指针指向
```

```
skip
browse                                    &&注意指针指向,下移一个记录
go top
browse                                    &&注意指针指向,定位到首记录
go bottom
browse                                    &&注意指针指向,定位到末记录
skip -2
browse                                    &&注意指针指向,前移二个记录
go 3
list next 4                               &&显示第 3 条记录之后的 4 条记录
go 3
list rest                                 &&显示第 3 条之后的所有记录
go 3
? recno(),reccount()                      &&当前是第几条记录,共有多少条记录
list for 学号=[90101001]
browse for 学号=[90101001]                 &&注意"list"和"browse"显示形式
clear                                     &&清理界面
```

② 记录的增加、修改和删除。

```
*在表最后增加一条空白记录
append blank
*替换空白记录内容
replace 课程号 with 'G010105',;
        学号 with '90401020',;
        考试时间 with {^2009/12/26}, ;
        分数 with 75,;
        考试地点 with '2-214',;
        及格否 with .T.
*将所有课程类型为"专业课"替换为"专业基础课"
replace all 课程类型 with "专业基础课" for 课程类型="专业课"
*删除符合条件的记录
delete for 课程号='G010105'
browse
recall all
delete for 课程号='G010105'
pack            &&彻底删除
brow
```

（2）数据的统计汇总

数据表建立后，经常需要进行统计汇总，下面给出了传统的 Visual FoxPro 6.0 命令进行的统计汇总操作。请问：SQL 是否支持数据表的统计汇总？如果支持，请给出相应的 SQL 语句。

```
count for.Not 及格否 to jigefou
? "不及格人数为:" , jigefou                 &&统计不及格人数
average 分数 to pjf for 课程号='T010101'     &&统计"T010101"的平均分
close all                                 &&关闭所有数据表
```

（3）数据表的复制

数据表建立后，经常需要备份，可以备份整个数据表，也可以备份数据表的一部分，还可以只备份数据表的结构。

```
open database xsgl
use scores.dbf
browse
copy to sc.dbf
copy structure to sc_1.dbf
use                          &&关闭表 scores.dbf
use sc
brow                         &&表 sc 是 scores.dbf 的复制品
use
use sc_1
browse                       &&表 sc_1 仅复制 scores.dbf 的结构
close all
```

请思考：SQL 是否支持数据表的复制？如果支持，请给出相应的 SQL 语句。

（4）索引的创建及使用

数据表建立索引后，就可以基于索引进行逻辑排序和快速检索。在传统的 Visual FoxPro 6.0 命令中，经常使用 index 建立索引。索引建立并打开后，可以使用 seek 命令进行快速检索。

```
use student
index on 姓名 to ind_name          &&基于"姓名"字段添加索引
list
index on 专业 to ind_major         &&基于"专业"字段添加索引
list
index on 身高 desc tag ind_height  &&基于"身高"字段添加降序索引
list
use
clear
use student index ind_name        &&基于索引"ind_name"打开表
browse
use
use student index ind_major       &&基于索引"ind_major"打开表
seek "金融学"                      &&查询专业为"金融"的记录
display                           &&显示查询到的记录
```

请思考：SQL 是否支持上述索引的创建和快速检索？如果支持，请给出相应的 SQL 语句，并分析二者的异同。

四、实验分析

本实验通过比较的方法提高学生对 Visual FoxPro 6.0 中数据库、数据库表、数据定义、数据更新以及数据查询等知识点的融会贯通，强化学生应用 SQL 语言对数据进行定义和操纵的能力。另外，通过比较，也使学生可以体验 SQL 生命力之强大。

五、实验拓展

对于数据库而言，约束是很重要的，它是保证数据库数据正确性的重要手段。针对本实验的实验过程，请大家对 xsgl 数据库建立必要的约束，可以通过相应的设计器来实现，也可以通过 SQL 命令来建立。

请思考：你设定的约束一旦建立，数据库的数据操纵是否会受到影响，为什么？

综合练习

一、单选题

1. SQL 语言具有多种优点，SQL 是（　　　　）成为关系数据库语言的国际标准的。

   A. 1986 年　　　　　B. 1987 年　　　　C. 1988 年　　　　D. 1989 年

2. 关系数据库管理系统的 SQL 语言是（　　　　）。

   A. 顺序查询语言　　　　　　　　　B. 结构化查询语言

   C. 关系描述语言　　　　　　　　　D. 关系查询语言

3. 在关系数据库标准语言 SQL 中，实现数据检索的语言是（　　　　）。

   A. SELECT　　　　　B. LOAD　　　　　C. FETCH　　　　　D. SET

4. SQL 的核心是（　　　　）。

   A. 数据定义　　　　B. 数据修改　　　　C. 数据查询　　　　D. 数据控制

5. 用 SQL 语句建立表时，为表定义实体完整性规则，应使用短语（　　　　）。

   A. DEFAULT　　　　　　　　　　　B. PRIMARY KEY

   C. CHECK　　　　　　　　　　　　D. UNIQUE

6. SQL 的数据定义功能不包括（　　　　）。

   A. 定义表结构　　　　　　　　　　B. 修改表结构

   C. 修改记录数据　　　　　　　　　D. 删除表

7. 使用 SQL 语句修改的字段的类型、宽度和有效性规则，应使用语句（　　　　）。

   A. MODIFY　STRUCTRUE　　　　　B. ATLER TABLE

   C. ADD　　　　　　　　　　　　　D. DROP

8. 使用 SQL 语句修改字段的值，应使用的短语是（　　　　）。

   A. REPLACE　　　　B. UPDATE　　　　C. DELETE　　　　　D. INSERT

9. SQL 查询语句中 ORDER BY 子句的功能是（　　　　）。

   A. 对查询结果进行排序　　　　　　B. 分组统计查询结果

   C. 限定分组检索条件　　　　　　　D. 限定查询条件

10. 标准 SQL 基本查询语句的结构是（　　　　）。

    A. SELECT…FROM…ORDER BY

    B. SELTCT…WHERE…GROUP BY

    C. SELECT…WHERE…HAVING

    D. SELECT…FROM…WHERE

11. SQL 查询中的 HAVING 子句通常出现在（　　　　）子句中。

    A. ORDER BY　　　　　　　　　　B. GROUP　BY

    C. SORT　　　　　　　　　　　　D. INDEX

12. SQL 查询中的 HAVING 字句的作用是（　　　　）。

    A. 指出分组查询的范围　　　　　　B. 指出分组查询的值

    C. 指出分组查询的条件　　　　　　D. 指出分组查询的字段

13. SQL-SELECT 语句中的条件短语的关键字是（　　　　）。

    A. WHERE　　　　　　　　　　　B. WHILE

C.　FOR　　　　　　　　　　　　D.　CONDITION

14. SQL 语句中的数据维护命令不包括（　　　）。

    A.　INSERT-SQL　　　　　　　　B.　CHANGE-SQL

    C.　DELETE-SQL　　　　　　　　D.　UPDATE-SQL

15. SQL 语句中修改表结构的命令是（　　　）。

    A.　MODIFY　TABLE　　　　　　B.　MODIFY STRUCTURE

    C.　ALTER TABLE　　　　　　　D.　ALTER STRUCTURE

16. INSERT-SQL 命令的功能是（　　　）。

    A.　在表头插入一条记录　　　　　B.　在表尾插入一条记录

    C.　在表中指定位置插入一条记录　D.　在表中指定位置插入若干条记录

17. UPDATE-SQL 命令的功能是（　　　）。

    A.　数据定义　　　　　　　　　B.　数据查询

    C.　更新表中某些列的属性　　　　D.　修改表中某些列的内容

18. 在 SQL 中，条件"年龄 BETWEEN 15 AND 35"表示年龄在 15 岁至 35 岁之间，且（　　　）。

    A.　包括 15 岁和 35 岁　　　　　B.　不包括 15 岁和 35 岁

    C.　包括 15 岁但不包括 35 岁　　D.　包括 35 岁但不包括 15 岁

19. SELECT 职工号 FROM 职工 WHERE 工资>1250 命令的功能是（　　　）。

    A.　查询工资大于 1250 的记录　　B.　查询 1250 号记录后的记录

    C.　检索所有的职工号　　　　　　D.　从[职工]关系中检索工资大于 1250 的职工号

20. SQL-SELECT 语句中与 INTO TABLE 等价的短语是（　　　）。

    A.　INTO DBF　　B.　TO TABLE　　C.　INTO FORM　　D.　INTO FILE

21. SQL 的数据更新语句不包括（　　　）。

    A.　INSERT　　　　B.　UPDATE　　　　C.　DELETE　　　　D.　CHANGE

22. 以下关于外键和相应的主键之间的关系的描述，正确的是（　　　）。

    A.　外键并不一定要与相应的主键同名

    B.　外键一定要与相应的主键同名

    C.　外键一定要与相应的主键同名而且唯一

    D.　外键一定要与相应的主键同名，但并不一定唯一

23. 如果在 SQL-SELECT 语句的 ORDER BY 短语中指定了多个字段，则（　　　）。

    A.　无法进行排序　　　　　　　B.　只按第一个字段排序

    C.　按从左至右优先依次排序　　　D.　按字段排序优先级依次排序

24. 在 SQL-SELECT 语句中，"HAVING <条件表达式>"用来筛选满足条件的（　　　）。

    A.　列　　　　　B.　行　　　　　C.　关系　　　　　D.　分组

25. 在 SQL 语句中，与表达式"期考成绩 BETWEEN 80 AND 90"功能相同的表达式是（　　　）。

    A.　期考成绩>=80 OR <=90　　　B.　期考成绩>=80 AND <=90

    C.　期考成绩>=80 OR 期考成绩<=90　D.　期考成绩>=80 AND 期考成绩<=90

26. 在 SELECT 语句中，以下有关 HAVING 子句的描述正确的是（　　　）。

    A.　HAVING 短语必须与 GROUP BY 短语同时使用

    B.　使用 HAVING 短语的同时不能使用 WHERE 短语

    C.　HAVING 短语可以在任意的一个位置出现

D. HAVING 短语与 WHERE 短语的功能相同

27. 在 SQL-SELECT 查询的结果中，消除重复的记录是（　　　）。
　　A. 通过指定主索引实现　　　　　　　B. 通过指定唯一索引实现
　　C. 通过使用 DISTINCT 短语实现　　　D. 通过使用 WHERE 短语实现

28. 在 SQL-SELECT 语句中，为了将查询结果存储到临时表，则应该使用短语（　　　）。
　　A. TO CURSOR　　　　　　　　　　　B. INTO CURSOR
　　C. INTO DBF　　　　　　　　　　　　D. TO DBF

29. 在 Visual FoxPro 6.0 数据库创建表的 CREATE TABLE 命令中定义主索引，实现参照完整性规则的短语是（　　　）。
　　A. FORDIGN　KEY　　　　　　　　　B. DEFAULT
　　C. PRIMARY　KEY　　　　　　　　　D. CHECK

30. 删除表中数据的语句是（　　　）。
　　A. DRO　　　　　　B. ALTER　　　　　C. UPDATE　　　　D. DELETE

31. 限制输入到列的值的范围，应使用（　　　）约束。
　　A. CHECK　　　　　　　　　　　　　B. PRIMARY KEY
　　C. FOREIGN KEY　　　　　　　　　　D. UNIQUE

32. 关于视图，下列哪一个说法是错误的（　　　）。
　　A. 视图是一种虚拟表　　　　　　　　B. 视图中也存有数据
　　C. 视图也可由视图派生出来　　　　　D. 视图是保存在数据库中的 SELECT 查询

33. 创建表的命令是（　　　）。
　　A. CREATE DATABASE 表名　　　　　B. CREATE VIEW 表名
　　C. CREATE TABLE 表名　　　　　　　D. ALTER TABLE 表名

34. 用于模糊查询的运算符是（　　　）。
　　A. _　　　　　　　B. []　　　　　　　C. ^　　　　　　　D. LIKE

35. 删除表的语句是（　　　）。
　　A. DROP　　　　　B. ALTER　　　　　C. UPDATE　　　　D. DELETE

二、填空题

1. SQL 的英文全称为_____。

2. SQL-SELECT 语句的功能是：_____。

3. 在 Visual FoxPro 6.0 支持的 SQL 中，可以向表中输入记录的命令是_____；可以查询表中内容的命令是_____。

4. 在 SQL 语句中，可以删除表中记录的命令是_____；可以从数据库中删除表的命令是_____。

5. 在 SQL 语句中，可以修改表结构的命令是_____；可以修改表中数据的命令是_____。

6. 在 SQL-SELECT 语句中，将查询结果存入数据表的短语是_____。

7. 在 SQL-SELECT 语句中，将查询结果按指定字段排序输出的短语是_____；将查询结果分组输出的短语是_____。

8. 在 SQL-SELECT 语句的 ORDER　BY 子句中，DESC 表示按_____输出；省略 DESC 表示按_____输出。

9. 使用 SQL 的 SELECT 语句进行分组查询时，如果希望去掉不满足条件的分组，应在 GROUP

BY 中使用＿＿＿＿＿＿＿子句。

10. SQL 支持集合的并运算，其运算符是＿＿＿＿＿＿＿。

11. 在 SQL 的 SELECT 查询语句中，HAVING 子句不可以单独使用，总是跟在＿＿＿＿＿＿＿子句之后一起使用。

12. 在 SQL 的 SELECT 查询语句中，使用＿＿＿＿＿＿＿子句可以实现消除查询结果中存在的重复记录。

13. 在 SQL 的 WHERE 子句的条件表达式中，字符串匹配（模糊匹配）的运算符是＿＿＿＿＿＿＿。

14. 使用 SQL 的 CREATE TABLE 语句定义表结构时，用＿＿＿＿＿＿＿短语说明关键字。

15. 在 SQL 语句中，用于对查询结果进行计数的函数是＿＿＿＿＿＿＿。

16. 在 SQL 语句中，空值用＿＿＿＿＿＿＿来表示。

17. 在 SQL-SELECT 语句中可以包含一些统计函数，这些函数包括＿＿＿＿＿＿＿、＿＿＿＿＿＿＿、＿＿＿＿＿＿＿、＿＿＿＿＿＿＿和＿＿＿＿＿＿＿。

18. 利用 SQL 语句建立一个课程度表，并且为“课程号”建立索引，语句的格式为：CREATE TABLE 课程表(课程号 C(5)＿＿＿＿＿＿＿，课程名 C(30))。

19. 在 SQL 语句中，要查询学生表在姓名字段上取空值的记录，正确的 SQL 语句为：SELECT * FROM 学生 WHERE＿＿＿＿＿＿＿。

20. 查询设计器的“排序依据”选项卡对应于 SQL-SELECT 语句的＿＿＿＿＿＿＿短语。

三、写 SQL 语句

1. 数据库图书管理，包括有数据表 student 和 borrow，它们的结构分别如下。

student(学号 C(6)，姓名 C(8)，性别 C(2)，出生日期 D，年龄 I，班级 C(8))
borrow(书号 C(8)，书名 C(20)，学号 C(6)，借书日期 D)

基于上述数据库，写出 SQL 语句，完成以下 8 项操作。

（1）建立数据库“图书管理.DBC”，并在其中建立数据表“student.dbf”。

（2）在表 student 中插入一条记录，数据是（120101，张三，男，1990 年 2 月 3 日，23，会计）。

（3）修改表 student 中张三的数据，出生日期改为 1993 年 4 月 18 日，年龄改为 20。

（4）删除表 student 中所有女生记录。

（5）查询表 student 中所有“会计”班级学生数据。

（6）查询表 student 中查询年龄在 19 岁到 22 岁之间的学生数据。

（7）查询表 borrow 中所有借书日期在 2013 年 1 月 1 日之前的所有借书记录，结果按班级排序并将结果输出到数据表“催还图书名单.DBF”。

（8）查询表 student 中各班人数。

2. 基于学生成绩数据库的 3 个数据表完成下面的 5 项操作。

学生：学号 C(6)，姓名 C(6)，性别 C(2)，生日 D
课程：课程编号 C(6)，课程名称 C(20)，开课院系 C(20)
成绩：学号 C(10)，课程编号 C(6)，成绩 I

（1）查询年龄大于 20 岁的男学生。

（2）统计年龄在 20 岁以下的学生人数。

（3）求出每一个学生课程成绩的平均值、最高成绩以及最低成绩。

（4）查询计算机学院所开设的课程的选修情况。

（5）查询选修了“FoxPro”课程的女学生的姓名和成绩。

3. 商品数据库中含有商品和销售两个表，它们的结构如下。

商品（商品编号 C(6)，商品名称 C(20)，进货价 N(12，2)，销售价 N(12，2)，备注 M）

销售（流水号 C(6)，销售日期 D，商品编号 C(6)，销售数量 N(8，2)）

基于商品数据库，查询商品数据库中 2000 年 5 月 20 日所销售的各种商品的名称、销量和销售总额，并按销量从小到大排序。

四、操作题

1. 建立项目"学生管理"，在该项目中建立数据库"学生"，在"学生"中建立数据表"学生基本情况表""成绩表"和"科目表"，表结构数据如下。

学生基本情况表（学号 C(8)，姓名 C(8)，性别 C(2)，年龄 D）

成绩表（学号 C(8)，科目代号 C(4)，成绩 I）

科目表（科目代号 C(4)，科目名称 C(10)）

2. 为"学生基本情况表"和"成绩表"按"学号"建立永久联系，为"科目表"和"成绩表"按"科目代号"建立永久联系；给三张表输入适当数据。

3. 建立视图 SVIEW，视图由学号、姓名、科目名称、成绩组成，但只显示不及格同学的信息，且按成绩降序显示。

4. 查询所有学生所有科目的平均成绩并放入表 TEMP1 中；查单科成绩在平均成绩以上的学生的学号、科目代号和成绩，结果放入数组 ABC 中，查询放入 Q1 中。

5. 查询各科的最高分，结果放入文本文件 TEXT1 中，查询每个学生的平均分，结果放入内存虚拟表 TEMP2 中，查询放入命令文件 P1 中。

6. 查询最高分得主的学号、姓名、性别、科目和成绩，结果保存在文本文件 TEXT2 中。

7. 用 IN 关键字查询"001"和"002"号同学的学号和平均成绩；用集合关键字 UNION 再查询一次这两位同学的学号和平均成绩，看结果是否相同。

8. 把"成绩表"中的数据按成绩降序排列，成绩相同时按学号升序备份到表 NEWTABLE 中。

9. 查询平均分在 75 分以上的学生的学号、姓名、性别和科目，结果保存在库表 NEWTABLE2* 中。（注意分组、要使用数组及其他 SQL 命令，难度较大）

10. 用 SQL 命令给"学生基本情况表"增加一备注字段"备注"，并将该字段全部初始化为"暂无信息"。

11. 用 SQL 命令给"成绩表"的"成绩"字段有效性规则：0<=成绩<=100，并设置其默认值为 60。

第6章
视图与查询

实验一 视图的创建与应用

一、实验目的

（1）掌握使用视图设计器设计视图的基本方法。

（2）能够通过视图更新源数据表中的数据。

二、实验任务

使用学生数据库中的 student 表，完成基于一个数据表的视图创建过程，并通过视图更新此数据表中的数据，具体实验任务如下。

在学生数据库中建立一个名为"视图1"的视图，该视图含有所有男学生的基本信息（包括"学号""姓名""性别""出生日期"和"专业"5个字段），结果按照出生日期降序排列。浏览并修改视图1，设置更新条件，通过"视图1"来修改 student 表的专业信息。

三、实验过程

1. 新建视图

（1）打开"视图设计器"窗口，指定要添加的数据库表

执行"文件"菜单下的"新建"命令，在"新建"对话框中选中"视图"，然后单击"新建文件"按钮，会弹出"添加表或视图"对话框，添加学生数据库中的 student 表。

（2）选取输出字段

在"视图设计器"下方的"字段"选项卡中，将左侧"可用字段"框中的 student.学号、student.姓名、student.性别、student.出生日期和 student.专业 5 个字段选中后添加到右侧的"选定字段"框中，如图 6-1 所示。

（3）设置筛选条件

在"筛选"选项卡中，设置筛选条件：student.性别＝" 男 "。

（4）设置排序依据

在"排序依据"选项卡中，指定以 student.出生日期字段的降序对输出记录进行排序。

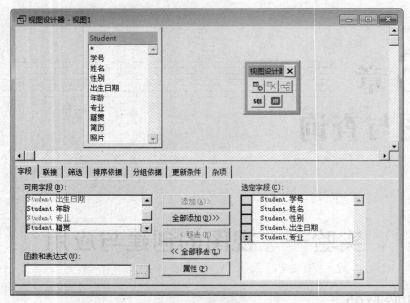

图 6-1 "视图设计器"窗口

（5）保存视图设置

单击主窗口"常用"工具栏上的"保存"按钮，或按<Ctrl+W>组合键，将设计完成的视图保存为默认的"视图 1"，然后关闭"视图设计器"窗口。

2. 浏览视图

打开数据库设计器，可以在学生数据库中看到新创建的"视图 1"。如果用鼠标双击名为"视图 1"的小表，或者用鼠标右键单击"视图 1"小表，将弹出快捷菜单，在快捷菜单中选择"浏览"命令，即可在打开的浏览窗口中显示视图的内容，如图 6-2 所示。

图 6-2 浏览视图的内容

3. 利用视图更新源表数据

打开数据库设计器，用鼠标右键单击"视图 1"小表，在快捷菜单中选择"修改"命令，就可以再次打开视图设计器，在"更新条件"选项卡中，选择要更新的数据表为 student，在字段名列表中，选择字段名左侧的"钥匙"所在关键字列为学号，选择"铅笔"所在可更新字段列为专业，选中其左下角的"发送 SQL 更新"复选框，即可保存并完成视图的修改，如图 6-3 所示。

同时浏览 student 表和"视图 1"，在"视图 1"中将刘志刚的专业由金融更改为经济管理，将会发现 student 表中刘志刚的专业更新为经济管理，实现了通过更改视图更新源表数据的目的。

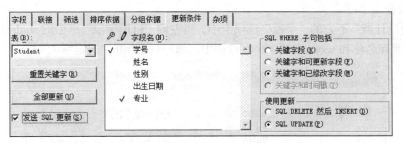

图 6-3 更新条件的设置

四、实验分析

本实验主要让大家掌握视图的创建和浏览方法，并会利用视图更新源表中的数据，实验从一个数据表的操作开始着手，让学生们了解视图设计器的各功能选项卡，可以进一步添加多表进行操作。

五、实验拓展

在学生数据库中，提取学号、姓名、课程编号和课程名称 4 个字段，筛选性别为"女"的学生信息，并以学号降序进行排序，保存为"女生选课视图"并浏览。

实验二 查询的建立与维护

一、实验目的

（1）掌握使用查询设计器设计查询的基本方法。
（2）利用分组功能实现相同数据值的统计计算。

二、实验任务

使用学生数据库中的 student 表、score 表和 course 表，完成基于多个数据表的查询创建过程，并通过设置条件进行数据查询；能够利用分组功能进行数据的统计，具体实验任务如下。

在学生数据库中新建查询，该查询中含有所有男学生的基本信息（包括"学号""姓名""课程名称"和"成绩"4 个字段），结果按照姓名升序排列，保存为"查询 1.QPR"，运行查询。

新建"查询 2.QPR"，利用分组功能实现各个学生的平均分计算。

三、实验过程

1. 新建查询

（1）打开"查询设计器"窗口，指定要添加的数据库表

执行"文件"菜单下的"新建"命令，在"新建"对话框中选中"查询"，然后单击"新建文件"按钮，会弹出"添加表或视图"对话框，添加学生数据库中的 student 表、score 表和 course 表，默认两两建立关于共同字段的内部联接。

（2）选取输出字段

在"查询设计器"下方的"字段"选项卡中，将左侧"可用字段"框中的student.学号、student.姓名、course.课程名称和score.成绩 4 个字段选中后添加到右侧的"选定字段"框中，如图 6-4 所示。

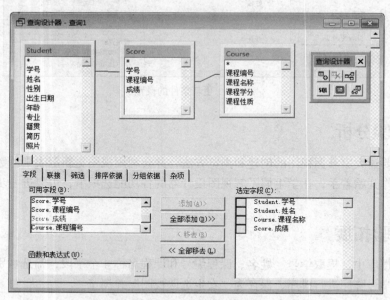

图 6-4 "查询设计器"窗口

（3）设置筛选条件

在"筛选"选项卡中，设置筛选条件：student.性别="男"。

（4）设置排序依据

在"排序依据"选项卡中，指定以 student.姓名字段的升序对输出记录进行排序。

（5）保存查询设置

单击主窗口"常用"工具栏上的"保存"按钮，或按<Ctrl+W>组合键，将设计完成的查询保存为默认的"查询 1.QPR"文件。

2. 运行查询

创建查询后，运行查询即可得到查询的结果。可用以下方法之一执行查询。

方法 1：选择主窗口"程序"菜单下的"运行"命令，在弹出的对话框中选中要执行的查询文件，然后单击"运行"按钮。

方法 2：在命令窗口中执行"DO 查询 1.QPR"命令。

查询的结果如图 6-5 所示。

3. 利用分组功能实现各个学生的平均分计算

（1）打开"查询设计器"窗口，添加学生数据库中的 student 表和 score 表。

（2）选取输出字段。

在"字段"选项卡的"可用字段"框中选定 student 表的"姓名"字段，将其添加到右侧的"选定字段"框中；在左下角的"函数和表达式"框中填入"AVG(score.成绩)"函数，也添加到右侧的"选定字段"框中，如图 6-6 所示。

（3）在"分组依据"选项卡中选定分组字段。这里选定 student.姓名作为分组依据字段。

（4）将设计完成的查询保存为默认的"查询 2.QPR"文件，并运行查询，结果如图 6-7 所示。

图 6-5 查询结果示例

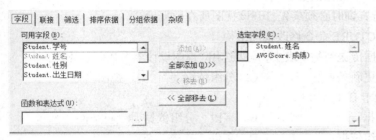

图 6-6 选定输出字段

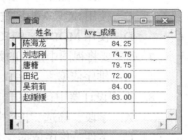

图 6-7 分组视图结果示例

四、实验分析

进行查询的创建和运行，查询部分的实验采用多表内部联接的方式完成，灵活选取多数据表中的字段，并指导学生利用分组功能实现同类数据值的统计计算，鼓励学生尝试使用除了 AVG 外的其他统计函数。

五、实验拓展

（1）查询所有金融专业学生的姓名和课程名称及成绩。

选择姓名、专业、课程名、成绩作为显示字段，筛选金融专业，以姓名作为排序依据，保证同一个学生的记录在一起显示，结果放在表 tem 中。

（2）建立查询文件"成绩查询.qpr"，计算金融专业学生的平均成绩，结果如图 6-8 所示。

图 6-8 成绩查询结果

综合练习

一、单选题

1. 默认查询的输出形式是（ ）。

 A. 数据表 　　 B. 图形 　　 C. 报表 　　 D. 浏览窗口

2. 运行查询使用的命令是（ ）。

 A. USE 查询文件名.QPR 　　 B. DO 查询文件名.QPR

 C. MODIFY 查询文件名.QPR 　　 D. SELECT 查询文件名.QPR

3. 查询的数据源不能是（　　）。

   A. 自由表　　　　　　B. 视图　　　　　　　　C. 查询　　　　　　　D. 数据库表

4. 查询设计器中，"联接"选项卡对应的 SQL SELECT 短语是（　　）。

   A. WHERE　　　　　　B. JOIN　　　　　　　　C. SET　　　　　　　D. ORDER BY

5. 在数据库中实际存储数据的是（　　）。

   A. 基本表　　　　　　　　　　　　　　　　B. 视图

   C. 基本表和视图　　　　　　　　　　　　　D. 以上均不是

6. 以下关于视图，描述正确的是（　　）。

   A. 视图是对表的复制产生的

   B. 视图不能删除，否则影响原来的数据文件

   C. 使用 SQL 对视图进行查询时必须事先打开该视图所在数据库

   D. 使用 MODIFY STRUCTURE 命令修改视图结构

7. 如果要将视图中修改的数据传送到基本表中，应当选用"视图设计器"中的选项卡（　　）。

   A. 排序依据　　　　B. 更新条件　　　　C. 分组依据　　　　D. 视图参数

8. 查询设计器中包括的选项卡有（　　）。

   A. 字段、筛选、排序依据　　　　　　　　B. 字段、分组依据、更新条件

   C. 条件、排序依据、分组依据　　　　　　D. 条件、筛选、杂项

9. 视图是一个（　　）。

   A. 虚拟的表　　　　　　　　　　　　　　B. 真实的表

   C. 不依赖于数据库的表　　　　　　　　　D. 不能修改的表

10. 在 Visual FoxPro 6.0 中，查询与视图的共同特点是（　　）。

   A. 都依赖于数据库而存在　　　　　　　　B. 都是独立的文件

   C. 都可以从多个相关表中筛选记录　　　　D. 都只能从一个表中筛选记录

二、填空题

1. 保存于磁盘上的查询文件的扩展名是＿＿＿＿＿。

2. 当一个查询是基于多个表时，这些表之间必须有＿＿＿＿＿关联。

3. 在"添加表或视图"，"其他"按钮是让用户选择＿＿＿＿＿。

4. 视图设计器中含有而查询设计器没有的选项卡是＿＿＿＿＿。

5. 在数据库中可以建立两种视图，分别是＿＿＿＿＿和＿＿＿＿＿。

6. 在"更新条件"选项卡中（见图6-9），若要使源表可更新，应选择＿＿＿＿＿。

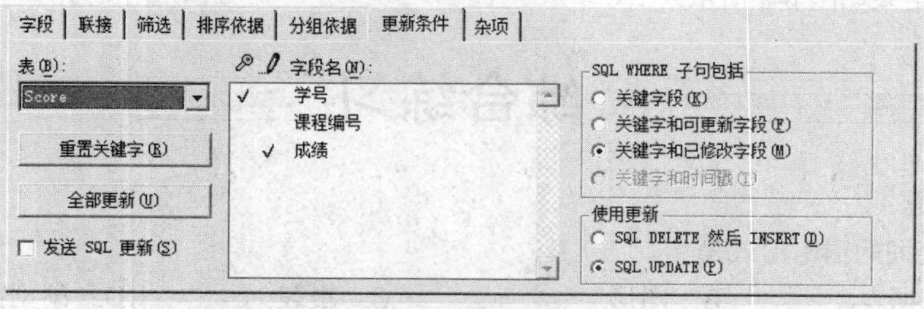

图 6-9　"更新条件"选项卡

7. 查询设计器中"排序依据"选项卡对应于 SQL 语句中的＿＿＿＿＿短语。

8. 查询＿＿＿＿＿修改查询记录，视图＿＿＿＿＿修改基表的数据。

三、简答题

1. 使用视图设计器创建视图的基本步骤是什么？

2. 查询结果有哪几种输出方式？如果要将查询结果打印出来该如何操作？

3. 描述视图的优点是什么？

4. 查询与视图有哪些相同点和区别？

5. 在学生数据库中建立一个名为 NEW_VIEW 的视图，该视图含有选修了课程且成绩大于等于 80 分的学生信息（包括"学号""姓名""专业"和"成绩"4 个字段），结果按照成绩降序排列。

6. 建立查询文件 myquery，在学生数据库中查询所有女学生的姓名和年龄（计算年龄的公式是：今年年份-Year（出生日期），年龄作为字段名），结果保存在一个新表 NEW_TABLE1 中。

7. 在学生数据库中，统计男生和女生的平均成绩、最高成绩和最低成绩，并以性别的降序进行排序，保存为"学生信息统计.qpr"，并运行查询，结果如图 6-10 所示。

图 6-10　统计结果显示

第三篇
初级应用

- 掌握如何用顺序结构程序分析和使用数据库中的数据；
- 掌握如何用分支结构程序分析和使用数据库中的数据；
- 掌握如何用循环结构程序分析和使用数据库中的数据；
- 掌握经典的模块化结构程序设计及其应用的技术；
- 体验程序的强大功能，初步培养学生的创新思维。

第7章
结构化程序设计

实验一　顺序与分支结构程序设计

一、实验目的

（1）熟练掌握程序文件的建立、保存和运行的方法。

（2）重点掌握顺序与分支结构的程序设计方法。

二、实验任务

本实验所需素材：学生数据库（student.dbc），内含学生数据表（student.dbf）、课程数据表（course.dbf）和选课成绩数据表（score.dbf）。

分别编写程序完成以下任务。

（1）编写程序，为 course.dbf 表添加一门新课程的记录。

（2）由键盘输入一名学生名字，在 student.dbf 表中，查询该学生信息。

（3）由键盘输入一个专业名称，在 student.dbf 表中，利用 SQL-SELECT 命令查询该专业所有学生信息。

（4）输出学号为"200912111001"，选修课程编号为"100101"的学生的课程成绩等级。90分以上"优秀"，75-89分为"良好"，60-74分为"及格"，60分以下为"不及格"

三、实验过程

任务1　编写程序，为 course.dbf 表添加一门新课程的记录。

1. 任务分析

此任务的目的是实现表记录的添加，即在 course.dbf 表中添加一门新课程记录。此任务可分解为以下操作步骤。

（1）程序开始。

（2）得到新课程的相关数据（课程编号、课程名称、课程性质、课程学分）。

（3）利用记录添加命令添加新课程记录到表中。

（4）程序结束。

2．编写程序

```
*SY1-1.PRG，为课程表添加一门新课程记录
CLEAR
ACCEPT  "请输入课程编号："  TO 课程编号
ACCEPT  "请输入课程名称："  TO 课程名称
ACCEPT  "请输入课程性质："  TO 课程性质
INPUT  "请输入课程学分："  TO 课程学分
INSERT INTO COURSE FROM MEMVAR
RETURN
```

3．建立程序文件，录入程序

（1）用菜单方式建立程序文件的操作步骤如下。

选择"文件"菜单中的"新建"菜单，打开的"新建"对话框，如图 7-1 所示。在"新建"对话框中选择"程序"文件类型，单击"新建文件"按钮，打开程序编辑窗口，如图 7-2 所示。

图 7-1　"新建"对话框

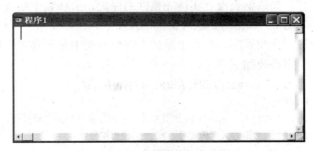

图 7-2　程序编辑窗口

（2）用命令方式建立程序文件的操作步骤如下。

在"命令"窗口中输入命令：MODIFY COMMAND SY1-1.PRG。

按<Enter>键后，打开程序编辑窗口，与图 7-2 不同的是标题行上显示的是"SY1-1.PRG"文件名。

4．保存程序文件

程序录入后，程序编辑窗口如图 7-3 所示。

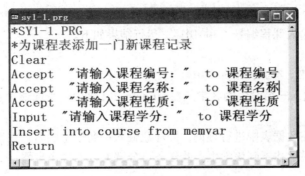

图 7-3　录入程序后的程序编辑窗口

单击"文件"菜单中的"保存"选项，保存程序文件，或按<CTRL+W>组合键保存文件并关闭程序编辑窗口。

注意 | 由于用菜单方式创建的程序文件未对文件命名，故首次保存文件时，会弹出"另存为"对话框，选择文件保存位置并为文件命名即可。

5. 运行程序

在程序编辑窗口未关闭的情况下，直接单击"常用"工具栏上的"![]"按钮，可以运行程序，或在程序编辑窗口已关闭的情况下，在命令窗口中输入命令"DO SY1-1.PRG"运行程序。程序运行结果如下。

请输入课程编号：300101

请输入课程名称：数据库

请输入课程性质：基础必修

请输入课程学分：3

6. 问题思考

问题 1：当 course 数据表中已存在所输入的课程时会发生什么情况？

答：如数据表没有实体完整性的保护，会在表中形成两条相同的记录。

问题 2：如何防止这种情况的发生？

答：修改程序，在其中添加查询数据表中是否存在所输入的课程的判断。

程序修改如下。

```
*SY1-1-1.PRG，为课程表添加一门新课程记录
CLEAR
USE COURSE            &&使用 LOCATE 命令查找数据前要打开数据表
ACCEPT  "请输入课程编号："  TO 课程编号
LOCATE FOR 课程编号=M. 课程编号
IF FOUND()
  ? "课程表中已存在该课程，不能再次加入该课程！！！"
ELSE
   ACCEPT  "请输入课程名称："  TO 课程名称
   ACCEPT  "请输入课程性质："  TO 课程性质
   INPUT  "请输入课程学分："  TO 课程学分
   INSERT INTO COURSE FROM MEMVAR
ENDIF
USE
RETURN
```

运行程序，再次输入课程编号"300101"，运行结果如下。

请输入课程编号：300101

课程表中已存在该课程，不能再次加入该课程！！！

任务 2　由键盘输入一名学生的名字，在 **student.dbf** 表中，查询该学生信息。

1. 任务分析

此任务的目的是在数据表中进行查询，即任意输入一名学生姓名，查询该学生，找到该学生就显示其信息，否则显示找不到该学生。此任务可分解为以下操作步骤。

（1）程序开始。

（2）输入学生姓名。

（3）在 student 表中查找是否有该学生记录。

（4）找到则显示该学生信息，找不到则显示"表中没有该学生记录"。

（5）程序结束。

2. 编写程序

```
*SY1-2.PRG，在学生表中某学生信息
CLEAR
USE STUDENT
ACCEPT  "请输入学生姓名："TO XM
LOCATE FOR 姓名=XM
IF FOUND()
  DISP
ELSE
  ? "表中没有该学生记录"
ENDIF
USE
RETURN
```

3. 建立程序文件，录入程序

命令：MODIFY COMMAND SY1-2.PRG。

4. 保存程序文件

5. 运行程序

第一次运行程序，输入学生姓名"吴莉莉"，程序运行结果如下。

请输入学生姓名：吴莉莉

记录号	学号	姓名	性别	出生日期	年龄	专业	籍贯
2	200912111002	吴莉莉	女	08/11/93	20	国际贸易	陕西省安康市

第二次运行程序，输入学生姓名"吴美美"，程序运行结果如下。

请输入学生姓名：吴美美

表中没有该学生记录

6. 问题思考

问题：输入学生姓名时能否在名字中添加空格？

答：不可以。空格是字符串中的有效字符，在命令"LOCATE FOR 姓名=XM"进行字符串比较时会参加字符比较。

任务 3　由键盘输入一个专业名称，在 student.dbf 表中，利用 SQL-SELECT 命令查询该专业所有学生信息。

1. 任务分析

此任务的目的是在数据表中进行查询，与任务 2 不同的是：任务 2 中只有一名学生满足条件，而此任务中将有多条记录满足条件，需要显示所有满足条件的学生记录。此任务可分解为以下操作步骤。

（1）程序开始。

（2）输入要查找专业名称。

（3）在 Student 表中查询并显示所有该专业的学生信息。

（4）程序结束。

2. 编写程序

```
*SY1-3.PRG，查询某专业所有学生信息
CLEAR
ACCEPT "请输入要查询专业的名称：" TO ZY
SELECT * FROM STUDENT WHERE 专业=ZY
RETURN
```

3. 建立程序文件，录入程序

命令：MODIFY COMMAND SY1-3.PRG。

4. 保存程序文件

5. 运行程序

运行程序，输入专业名为"金融"，运行结果如图 7-4 所示。

请输入要查询专业的名称：金融

	学号	姓名	性别	出生日期	年龄	专业	籍贯	简历	照片
▶	200912121001	田纪	男	11/23/93	20	金融	浙江省宁波市	Memo	Gen
	200912121002	唐糖	女	11/25/92	21	金融	山东省莱阳市	Memo	Gen
	200912121003	刘志刚	男	05/17/92	21	金融	山东省淄博市	Memo	Gen

图 7-4　输入专业名为"金融"时的程序运行结果

6. 问题思考

问题 1：当 student 表中没有所输入的专业时，会出现什么情况？

答：弹出的查询窗口不显示任何数据。

问题 2：出现上述情况，说明程序的用户界面不够友好，如何优化用户界面？

答：利用分支语句判断表中是否有所输入专业的学生，添加命令"MESSAGEBOX("没有这个专业的学生！")"，当 student 表中没有所输入的专业时，弹出窗口提示 "没有这个专业的学生！"信息。程序修改如下。

```
*SY1-3-1.PRG，查询某专业所有学生信息，没有改专业学生时给予提示信息
CLEAR
USE STUDENT
ACCEPT "请输入要查询专业的名称：" TO ZY
LOCATE FOR 专业=ZY
IF FOUND()
    SELECT * FROM STUDENT WHERE 专业=ZY
ELSE
    MESSAGEBOX("没有这个专业的学生！")
ENDIF
USE
RETURN
```

运行程序，输入专业名为"会计"，运行结果如图 7-5 所示。

请输入要查询专业的名称：会计

图 7-5　输入专业名为"会计"时的程序运行结果

　　任务 4　输出学号为"200912111001"，选修课程编号为"100101"的学生课程成绩等级。**90 分以上"优秀"，75-89 分为"良好"，60-74 分为"及格"，60 分以下为"不及格"。**

1．任务分析

　　此任务的目的是根据数据表中学生的百分制成绩输出其对应的等级，由于有多种情况需处理，所以此任务可以用语句"DO CASE ……ENDCASE"完成。任务可分解为以下操作步骤。

　　（1）程序开始。

　　（2）查找学号为"200912111001"学生记录。

　　（3）找到记录，用语句"DO CASE ……ENDCASE" 输出其对应的等级，找不到记录，显示"无此学生！"。

　　（4）程序结束。

2．编写程序

```
*SY1-4.PRG，查询学生成绩等级
CLEAR
USE SCORE
LOCATE FOR  学号="200912111001"
IF FOUND()
  DO CASE
    CASE 成绩>=90
        ?"成绩："+STR(成绩,6,2)+ "  成绩等级为：优秀"
    CASE 成绩>=75
        ?"成绩："+STR(成绩,6,2)+ "  成绩等级为：良好"
    CASE 成绩>=60
        ?"成绩："+STR(成绩,6,2)+ "  成绩等级为：及格"
    OTHERWISE
        ?"成绩："+STR(成绩,6,2)+ "  成绩等级为：不及格"
  ENDCASE
ELSE
  ? "无此学生！"
ENDIF
USE
RETURN
```

3．建立程序文件，录入程序

　　命令：MODIFY COMMAND SY1-3.PRG。

4．保存程序文件

5．运行程序

　　运行程序，结果显示如下。

　　成绩：77.00　成绩等级为：良好

6．问题思考

　　问题 1：修改程序，任意输入一名学生学号，显示其成绩等级。

　　答：只需在程序 SY1-4.PRG 中添加输入学生学号和按所输入学号查找即可。

　　参考程序如下。

```
*SY1-4.PRG，查询学生成绩等级
CLEAR
USE SCORE
ACCEPT  " 请输入学生学号"  TO XH
```

```
LOCATE FOR  学号=XH
IF  FOUND()
  DO CASE
    CASE 成绩>=90
        ?"成绩: "+STR(成绩,6,2)+ "  成绩等级为: 优秀"
    CASE 成绩>=75
        ?"成绩: "+STR(成绩,6,2)+ "  成绩等级为: 良好"
    CASE 成绩>=60
        ?"成绩: "+STR(成绩,6,2)+ "  成绩等级为: 及格"
    OTHERWISE
        ?"成绩: "+STR(成绩,6,2)+ "  成绩等级为: 不及格"
  ENDCASE
ELSE
  ? "无此学生! "
ENDIF
USE
RETURN
```

运行程序结果显示如下。

请输入学生学号200912111002

成绩: 78.00 成绩等级为: 良好

问题2: 一位同学同时选修多门课程, 能否显示其各门课程成绩等级?

答: 利用函数IIF(, ,)构造表达式"IIF(成绩>90,"优秀",IIF(成绩>75,"良好",IIF(成绩>60,"及格","不及格")))"可以得到学生成绩等级, 用SELECT SQL语句查询该学生各门课程成绩等级。修改程序如下。

```
*SY1-4-2.PRG, 显示任一同学各门课程成绩等级
CLEAR
ACCEPT "请输入学生学号: "  TO XH
SELECT 学号,课程编号,成绩, ;
    IIF(成绩>90,"优秀",IIF(成绩>75,"良好",IIF(成绩>60,"及格","不及格"))) AS 成绩等级;
    FROM SCORE WHERE 学号=XH
RETURN
```

运行程序, 结果显示如图7-6所示。

请输入学生学号: 200912111001

学号	课程编号	成绩	As成绩等级
200912111001	100101	77.00	良好
200912111001	100102	79.00	良好
200912111001	200101	91.00	优秀
200912111001	100103	90.00	良好

图7-6 程序SY1-4-2.PRG运行结果

四、实验分析

顺序与分支结构程序设计属于结构较为简单的程序设计, 一般分解任务步骤后按照步骤要求

选用合适命令语句就可以写出相应的程序。在写分支结构程序时需注意分支结构语句的完整性，即 IF 与 ENDIF 的配对使用。

五、实验拓展

（1）由键盘任意输入华氏温度，计算输出对应的摄氏温度。转换公式：C=(F-32)/1.8。

（2）由键盘任意输入一个整数，判断它是否能被 3 整除，能整除输出"该数可以被整除"，不能整除则输出"该数不能被 3 整除"。

（3）为 student 表添加一名新生记录，新生数据由键盘输入。

（4）由键盘输入一名学生学号，在 score 表中查找是否有该生记录，若有记录显示"该同学有选课成绩！"，否则显示"该同学没有选课成绩！"

实验二　循环结构程序设计

一、实验目的

熟练掌握 3 种循环结构的程序设计。

二、实验任务

本实验所需素材：学生数据库（student.dbc），内含学生数据表（student.dbf）、课程数据表（course.dbf）和选课成绩数据表（score.dbf）。

分别编写程序完成以下任务。

（1）输入任意一个正整数，判断其是否为素数，要求分别用"DO WHILE……ENDDO"和"FOR……NEXT"循环语句实现。

（2）输入任意一门课程编号，用"SCAN……ENDSCAN"语句实现显示所有该课程 90 分以上的学生信息。

三、实验过程

任务 1　**输入任意一个正整数，判断其是否为素数，要求分别用"DO WHILE……ENDDO"和"FOR……NEXT"循环语句实现。**

1. 任务分析

假定把所输入的整数记为 X，要知道 X 是否为素数，需要验证 X 是否被其他整数整除，因此，我们的任务就是寻遍所有可能被整除的数看它是否可以被整除。在这个过程中，只要有一个数被整除即可知道 X 不是素数，当寻遍所有可能的数都不能被整除后，即可判断 X 是素数。此任务中有两个关键问题，一是如何确定"所有可能被整除的数"的范围？二是需要设置一个标志，标记是否已找到被整除的数。对于第一个问题，首先，我们知道可能被整除的数不可能大于 X，其次，我们还可以知道大于 X/2 的数是不可能被 X 整除的；然后，通过数学证明我们可以知道若所有小于 $\sqrt{x}$ 的数都不能被整除，则 X 是素数。因此，我们将范围进一步缩小到 $\sqrt{x}$。第二个问题的解决方法是，设置标志 FLAG，FLAG 为 0 表示未找到，FLAG 为 1 表示找到了被整除的数。

2. 编写程序

（1）用 DO WHILE……ENDDO 语句实现

```
*SY2-1-1.PRG, 用 DO WHILE……ENDDO 语句实现判断一个整数是否为素数
CLEAR
INPUT "请输入任一正整数" TO X
FLAG=0
I=2
DO WHILE I<=SQRT(X)
  IF  X=INT(X/I)*I
     FLAG=1
     EXIT
  ENDIF
  I=I+1
ENDDO
IF  FLAG=0
  ? X,"是一个素数"
ELSE
  ? X,"不是一个素数"
ENDIF
RETURN
```

（2）用 FOR……NEXT 语句实现

```
*SY2-1-2.PRG, 用 FOR……NEXT 语句实现判断一个整数是否为素数
CLEAR
INPUT "请输入任一正整数" TO X
FLAG=0
FOR I=2 TO I<=SQRT(X)
  IF  X=INT(X/I)*I
     FLAG=1
     EXIT
  ENDIF
NEXT
IF FLAG=0
  ? X,"是一个素数"
ELSE
  ? X,"不是一个素数"
ENDIF
RETURN
```

3. 建立程序文件，录入程序

命令：MODIFY COMMAND SY2-1-1.PRG。

4. 保存程序文件

5. 运行程序

运行程序 SY2-1-1.PRG，输入 123，结果显示如下。

请输入任一正整数123

　　　123 不是一个素数

运行程序，输入 251，结果显示如下。

请输入任一正整数251

　　　251 是一个素数

6．问题思考

问题 1：程序 S2-1-1.PRG 中的"I=I+1"语句是否可以省略？若省略会发生什么情况？

答：不可以省略，若省略程序会进入"死循环"，不能正常结束。

问题 2：程序 S2-1-2.PRG 中能否在 NEXT 之前加上"I=I+1"语句？为什么？

答：不能，因为"FOR……NEXT"语句本身在执行完每次循环体后循环变量会自动增加一个步长。

任务 2　输入任意一门课程编号，用"SCAN……ENDSCAN"语句实现显示所有该课程成绩在 90 分以上的学生信息。

1．任务分析

要显示某课程所有不及格学生的信息可以用 SQL SELECT 语句轻松完成，但此任务要求用"SCAN……ENDSCAN"语句实现，其目的是考察读者如何使用"SCAN……ENDSCAN"循环语句。此任务可分解为以下操作步骤。

（1）程序开始。

（2）输入课程编号。

（3）查看 score 表中是否有该课程成绩在 90 分以上的学生记录。

（4）若没有记录，可以显示"该课程无学生成绩 90 分以上！"。

（5）若有记录，利用"SCAN……ENDSCAN"语句显示所有该课程成绩在 90 分以上的学生信息。可以利用 student 表找到该学生对应的基本信息：姓名和专业。

（6）程序结束。

2．编写程序

```
*SY2-2.PRG，查询某课程所有 90 分以上的学生信息
CLEAR
USE SCORE
USE STUDENT IN 2
ACCEPT "请输入课程编号："TO KCH
LOCATE FOR 课程编号=KCH .AND. 成绩>=90
IF .NOT. FOUND()
    ? "该课程无学生成绩 90 分以上！"
ELSE
   SCAN FOR 课程编号=KCH .AND. 成绩>=90
      XH=学号
      CJ=成绩
      SELE 2
      LOCATE FOR 学号=XH
      ? 学号,姓名,专业,CJ
      SELE 1
   ENDSCAN
ENDIF
CLOSE ALL
RETURN
```

3．建立程序文件，录入程序

命令：MODIFY COMMAND SY2-2.PRG。

4．保存程序文件

5．运行程序

运行程序 SY2-2.PRG，输入"200101"，结果显示如下。

请输入课程编号：200101

```
200912111001 陈海龙    国际贸易      91.00
200912111003 赵媛媛    国际贸易      93.00
```

运行程序 SY2-2.PRG，输入"100101"，结果显示如下。

请输入课程编号：100101

该课程无学生成绩90分以上！

6. 问题思考

问题 1：程序中 SCAN 语句中"SELE 2"语句和"SELE 1"语句的作用是什么？能去掉吗？

答："SELE 2"语句和"SELE 1"语句的作用是：配合 LOCATE 语句在不同的表上实现查找。这两条语句不能去掉。

问题 2：用 SQL-SELECT 语句如何实现本任务？

答：编制程序如下。

```
*SY2-2-1.PRG，用 SQL-SELECT 实现查询某课程所有成绩在 90 分以上的学生信息
CLEAR
ACCEPT  "请输入课程编号: " TO KCH
SELECT STUDENT.学号, STUDENT.姓名, STUDENT.专业, COURSE.课程编号,;
    COURSE.课程名称, SCORE.成绩;
FROM  学生数据库!STUDENT INNER JOIN 学生数据库!SCORE;
    INNER JOIN 学生数据库!COURSE ;
    ON  SCORE.课程编号 = COURSE.课程编号 ;
    ON  STUDENT.学号 = SCORE.学号;
WHERE SCORE.课程编号= KCH AND SCORE.成绩>=90
RETURN
```

运行程序，输入"200101"，结果显示如图 7-7 所示。

请输入课程编号：200101

学号	姓名	专业	课程编号	课程名称	成绩
200912111001	陈海龙	国际贸易	200101	大学语文	91.00
200912111003	赵媛媛	国际贸易	200101	大学语文	93.00

图 7-7 运行程序 sy2-2-1.prg 结果显示

四、实验分析

（1）"DO WHILE……ENDDO"语句和"FOR……NEXT"语句在循环次数确定的情况可以相互代替使用，但当循环次数不确定的时候更适合用"DO WHILE……ENDDO"语句。

（2）"SCAN……ENDSCAN"语句常用于依次处理表中所有相同条件的记录，若只是查询显示，用 SQL-SELECT 语句实现更方便。

五、实验拓展

（1）由键盘任意输入 10 个数，去掉其中最大值和最小值（如有两个以上最大值，只去 1 个，最小值处理方法相同），然后求平均值。

（2）依据 score 表统计每个同学选课门数，输出选课少于两门的学生学号。

（3）求 $X+X^2+X^3+\cdots\cdots+X^n$ 的值，n 和 X 由键盘输入。

实验三　模块结构程序设计

一、实验目的

利用过程和函数实现模块化结构程序设计。

二、实验任务

本实验所需素材：学生数据库（student.dbc），内含学生数据表（student.dbf）、课程数据表（course.dbf）、选课成绩数据表（score.dbf）

编程完成以下任务：在 score.dbf 表中增加一个"等级"字段，字段名和类型要求为等级（C,6），根据记录成绩分别用过程和函数的方法求出相应等级并写入"等级"字段，等级规定如下：85 以上为"优秀"，70-84 为"良好"，60-69 为"及格"，60 以下为"不及格"。

三、实验过程

1. 任务分析

可以利用 ALTER TABLE 语句为表添加字段，此任务的难点在于第 2 步，即根据成绩写入"等级"字段的值。此任务可分解为以下操作步骤。

（1）程序开始。

（2）利用 ALTER TABLE 语句为表添加字段：等级（C,6）。

（3）循环处理 score.dbf 表中所有记录，调用子程序或函数，由分值求出等级，将求得的等级值写入"等级"字段。

（4）程序结束。

2. 编写程序

（1）用过程实现

```
*SY3-1-1.PRG，添加等级字段，并写入相应等级值
CLEAR
ALTER  TABLE  SCORE  ADD 等级 C(6)
USE SCORE
SCAN
  N=RECNO()
CJ=成绩
  DJ=""
  DO PROC1 WITH CJ,DJ
  REPLACE 等级 WITH DJ
ENDSCAN
USE
RETURN
*过程 PROC1，由分值求等级
PROCEDURE PROC1
PARA CJ,DJ
DO CASE
```

```
        CASE CJ>=85
            DJ="优秀"
        CASE CJ>=70
            DJ="良好"
        CASE CJ>=60
            DJ="及格"
        OTHERWISE
            DJ="不及格"
        ENDCASE
    ENDPROC
```

（2）用函数实现

```
*SY3-1-2.PRG，添加等级字段，并写入相应等级值
CLEAR
ALTER  TABLE  SCORE  ADD 等级 C(6)
USE SCORE
SCAN
    CJ=成绩
    REPLACE 等级 WITH FUN1(CJ)
ENDSCAN
USE
RETURN
*函数 FUN1，由分值求等级
FUNCTION FUN1(CJ)
    DO CASE
    CASE CJ>=85
        DJ="优秀"
    CASE CJ>=70
        DJ="良好"
    CASE CJ>=60
        DJ="及格"
    OTHERWISE
        DJ="不及格"
    ENDCASE
    RETURN DJ
ENDFUNC
```

3．建立程序文件，录入程序

命令：MODIFY COMMAND SY3-1-2.PRG。

4．保存程序文件

5．运行程序

运行程序后，无任何显示，浏览 SCORE.DBF 表，结果如图 7-8 所示。

课程编号	成绩	学号	等级
100101	77.00	200912111001	良好
100101	78.00	200912111002	良好
100101	86.00	200912111003	优秀
100101	70.00	200912121001	良好
100101	82.00	200912121002	良好
100101	80.00	200912121003	良好
100102	79.00	200912111001	良好
100102	85.00	200912111002	优秀
100102	76.00	200912111003	良好

图 7-8　运行程序 SY3-1-1.PRG 后浏览 SCORE 表显示结果

6. 问题思考

思考：对比分别用过程和函数方式实现任务的不同，注意在主程序中调用过程语句和调用函数语句的不同。

四、实验分析

适当运用过程和函数可以简化主程序的书写，使结构更加清晰。

五、实验拓展

输入任意一个 5 位数，将其转换为汉字大写并输出，例如，输入"32861"，输出"叁贰捌陆壹"。

综合练习

一、单选题

1. 下面程序执行完成后显示结果是：（　　　）。

```
X=20
IF X>=20
  X=X+20
ENDIF
IF X>=40
  X=X+10
ENDIF
IF X>=50
  X=X+5
ENDIF
? X
```

A. 20　　　　　　　　B. 40　　　　　　　　C. 55　　　　　　　D. 25

2. 下面程序执行完成后显示结果是：（　　　）。

```
X=40
DO CASE
CASE  X>=40
     X=X+10
CASE  X>=50
     X=X+20
CASE  X>=70
     X=X+5
ENDCASE
? X
```

A. 50　　　　　　　　B. 40　　　　　　　　C. 70　　　　　　　D. 75

3. 下面程序执行完成后显示结果是：（　　　）。

```
S=1
FOR  I=1 TO 5
S=S*I
ENDDO
? S
```

A. 1　　　　　　　　B. 5　　　　　　　　C. 55　　　　　　　D. 120

4-6 题均基于数据表"学生.dbf"文件，其内容如下。

学号(C,7)	姓名(C,8)	课程名(C,8)	成绩(N,3)	学号(C,7)	姓名(C,8)	课程名(C,8)	成绩(N,3)
1501001	李海华	计算机原理	78	1501002	张明敏	C 语言	74
1501002	张明敏	计算机原理	73	1501003	赵佳欣	C 语言	90
1501003	赵佳欣	计算机原理	85	1501002	张明敏	Java	80
1501004	田苗	计算机原理	55	1501003	赵佳欣	Java	85
1501001	李海华	C 语言	85	1501004	田苗	Java	65

4. 有如下程序段：

```
USE 学生
STORE 0 TO x,y,z,t
DO WHILE .NOT. EOF()
   DO CASE
      CASE RIGHT(学号,1)='1'
           x=x+成绩
      CASE RIGHT(学号,1)='2'
           y=y+成绩
      CASE RIGHT(学号,1)='3'
           z=z+成绩
      CASE RIGHT(学号,1)='4'
           t=t+成绩
   ENDCASE
   SKIP
ENDDO
USE
?X
```

执行以上程序后，显示结果是（　　）。

A. 191　　　　　　　B. 163　　　　　　C. 78　　　　　　D. 85

5. 有如下程序段：

```
USE 学生
STORE  0 TO N,S,A
ACCEPT  '输入学号'  TO XH
SCAN  ALL  FOR  学号=XH
  N=N+1
S=S+成绩
ENDSCAN
A=S/N
? A
```

执行以上程序后，由键盘输入"1501004"显示结果是（　　）。

A. 50　　　　　　　B. 55　　　　　　C. 65　　　　　　D. 60

6. 有如下程序段：

```
USE 学生
STORE  0 TO N
COURSE=''
DO WHILE  .NOT.EOF()
  IF .NOT.(课程名$COURSE)
   COURSE=COURSE+课程名
```

```
N=N+1
  ENDIF
SKIP
ENDDO
? N
```

执行以上程序后，显示结果是（　　）。

A. 1　　　　　　　　　B. 2　　　　　　　　　C. 3　　　　　　　　　D. 10

二、填空题

1. 有如下售书数据表 book.dbf。

书号	单价	数量	总计
B0168	19.8	3	
B6915	12.6	36	
B9023	40.0	100	
B4683	48.0	40	
B6329	28.0	56	
B8127	2.0	20	

要逐条计算总计并填入"总计"字段之中，计算按照如下规则。

① 若数量小于等于 10，总计等于"单价*数量"。

② 若数量大于 50，总计等于"单价*数量*(1-10/100)"。

③ 若数量在 11 和 50 之间，总计等于"单价*数量*(1-5/100)"。

请填空。

```
SET TALK OFF
USE BOOK
GO TOP
DO WHILE _____①_____
DO CASE
CASE 数量<=10
REPLACE 总计 WITH 单价*数量
CASE 数量 _____②_____
REPLACE 总计 WITH 单价*数量*(1-10/100)
CASE 数量>50
REPLACE 总计 WITH 单价*数量*(1-5/100)
ENDCASE
_____③_____
ENDDO
LIST
USE SET TALK ON
RETURN
```

2. 正确填空完成注释中标明的功能。

```
SET TALK OFF
ACCEPT "输入表名:" TO KM
USE &KM
_____①_____          &&显示最前面 5 条记录
WAIT
GO BOTTOM
_____②_____          &&移动指针为下一条显示命令做准备
DISP NEXT 4               &&显示最后 4 条记录
USE
```

3. 有数据表 student.dbf，其中有姓名等字段，姓名的类型为字符型，以下是查询程序。

```
SET TALK OFF
_____①_____
ACCEPT "输入姓名: " TO _____②_____
LOCATE FOR 姓名=XINGMING
IF FOUND ( )
DISPLAY
ELSE
?"查无此人！"
_____③_____
USE
SET TALK ON
RETURN
```

4. 有程序段如下。

```
STORE 0 TO X, Y
DO WHILE.T.
  X=X+1
  Y=Y+X
  IF X>=10
    EXIT
  ENDIF
ENDDO
?"Y="+STR(Y, 4)
```

这个程序是计算_____①_____的，执行后的结果是_____②_____。

5. 已经建立了工资数据表文件 gz.dbf，按照用户要求对其中水电费字段值清零，请在下面程序中填空。

```
SET TALK OFF
CLEAR
USE GZ
ACCEPT "要将水电费字段清零吗?<Y/N>" TO P
IF _____①_____
_____②_____
ENDIF
GO TOP
BROWS FIELDS 姓名,水电费
USE
RETURN
```

三、简答题

1. 说明结构化程序设计的 3 种基本结构。

2. 说明 EXIT 和 LOOP 语句在循环体中的作用。

3. 模块化程序设计的思路是什么？采用模块化程序设计的好处有哪些？

4. VFP 中内存变量分为几种？它们的作用域分别是什么？

四、编程题

1. 输入任意一个年份，判断它是否是闰年。

2. 计算 100 以内所有偶数之和。

3. 有一学生数据表（student.dbf）其内容如下。

学号（C,10）	姓名（C,8）'	性别（L,1）	出生日期（D,8）	入学成绩（N,3,0）	专业代码
	张小梅	.F.	02/12/98	525	001
	王强	.T.	02/11/97	530	001
	李双双	.F.	07/23/97	521	002
	杨凯	.T.	04/01/98	540	002
	赵敏	.F.	09/22/96	519	003

编写一程序自动生成每位学生学号字段的值，学号前四位为年份（2015），中间 3 位为专业代码，后 3 位为专业内顺序编号（001、002……）

4. 从键盘接收一名学生姓名，在上述学生表中查找该学生，找到则显示该学生姓名、学号、入学成绩和专业代码，找不到则显示"没有该学生！！！"。

5. 计算上述学生表中所有学生的平均年龄。

6. 输出上述学生表中入学成绩前三名学生的姓名、性别和入学成绩。

7. 有一学生分数表（score.dbf）其内容如下。

学号（C, 8）	语文(N, 6, 1)	数学(N, 6, 1)	英语(N, 6, 1)
15010101	90	78	88
15010102	70	80	65
15010201	88	55	66
15010201	45	81	52
15020101	97	92	78

输出表中所有成绩不及格的学生学号、课程名和分数，要求一行输出一名学生一门课程及分数，若一名学生有多门课程不及格，则输出多行。

8. 输出上述学生分数表中所有 3 门课成绩和高于（大于等于）240 分的学生学号和总分。

第四篇
高级应用

- 掌握用表单对象建立用户操纵数据库的接口的方法；
- 掌握用表单对象管理和维护数据库的数据的方法；
- 掌握用表单对象分析和使用数据库的数据的方法；
- 掌握用报表对象呈现数据库中的数据的方法；
- 掌握用菜单对象组织数据库应用系统的功能的方法；
- 掌握现代的面向对象程序设计及其应用的技术；
- 深刻体验程序的强大功能，建立学生的创新应用思维。

第8章
表单设计及应用

实验一　表单向导的应用

一、实验目的

（1）熟练掌握利用表单向导创建表单的方法。

（2）熟练掌握表单的运行、简单的使用及退出的方法。

二、实验任务

本实验所需素材：学生数据库（student.dbc），内含学生数据表（student.dbf）、课程数据表（course.dbf）和选课成绩数据表（score.dbf）。

（1）利用表单向导为学生数据库中的多个表创建一个表单。

（2）运行该表单，通过表单对其相关数据表进行操作，然后退出。由于单表表单与一对多表单的操作非常相似，故在此不再设置单表表单实验，学习者可自行练习。

三、实验过程

（1）利用表单向导创建一个可维护学生数据表（student.dbf）和选课成绩数据表（score.dbf）的表单。要求创建一个一对多表单，能够分页列出学生表中每个学生的成绩情况。

参考操作步骤如下。

① 启动表单向导。执行"文件"菜单中的"新建"命令，在弹出的"新建"对话框中选定"表单"单选按钮，然后单击"向导"按钮。在该对话框中选定"一对多表单向导"后单击"确定"按钮，出现"一对多表单向导"对话框。

② 从父表中选定字段。如图 8-1 所示，在对话框中的"数据库和表"列表框中选定数据表 student，然后将"可用字段"列表框中的学号、姓名、专业字段移到"选定字段"列表框中，单击"下一步"按钮。

③ 从子表中选定字段。如图 8-2 所示，在对话框中的"数据库和表"列表框中选定数据表 score，然后将"可用字段"列表框中的课程编号、成绩字段移到"选定字段"列表框中，单击"下一步"按钮。

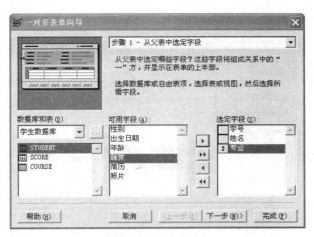

图 8-1　从父表中选定字段

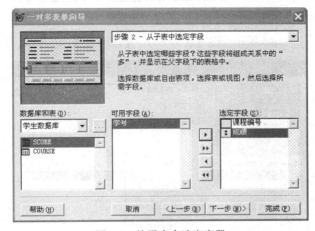

图 8-2　从子表中选定字段

④ 建立表之间的关系。如图 8-3 所示，在 student 表和 score 表中分别选中"学号"字段，使得两表之间通过"学号"建立关系，单击"下一步"按钮。

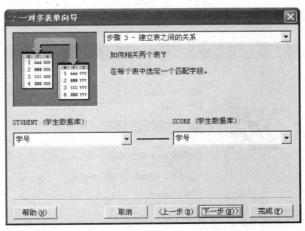

图 8-3　建立表之间的关系

⑤ 选择表单样式。如图 8-4 所示，在"样式"框中选定"浮雕式"；在"按钮类型"单选框

中选取"文本按钮",单击"下一步"按钮。

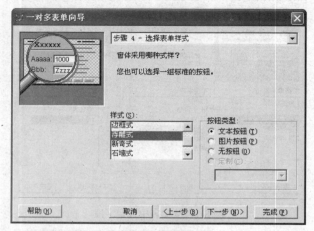

图 8-4　选择表单样式

⑥ 设置排序次序。如图 8-5 所示,设定以"学号"字段的升序为排序次序,单击"下一步"按钮。

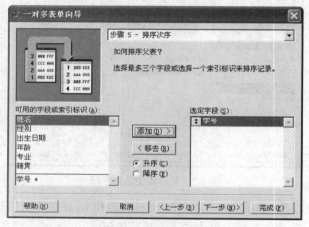

图 8-5　设置排序次序

⑦ 设置表单标题。如图 8-6 所示,输入表单的标题为"学生成绩表"。 单击"完成"按钮。

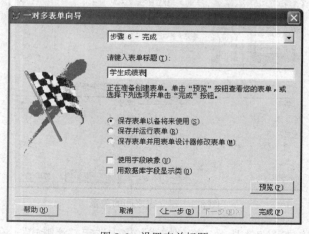

图 8-6　设置表单标题

⑧ 设置表单文件名。如图 8-7 所示，输入表单的文件名为"学生成绩"。单击"保存"按钮，将该表单存盘。至此，表单的建立过程结束，在"学生数据库"文件夹中将会多出两个相应的文件：学生成绩.scx 和学生成绩.sct。

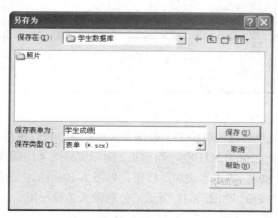

图 8-7 设置表单文件名

（2）运行该表单，通过表单查找一名学生信息，添加一名学生信息，最后退出表单。

参考操作步骤如下。

① 运行表单。在命令窗口中输入"do form 学生成绩"，即可运行"学生成绩"表单；也可执行主窗口"程序"菜单中的"运行"命令，在弹出的"运行"对话框的"文件类型"框中选定"表单"，然后在列表框中选定"学生成绩.scx"后单击"运行"按钮。表单执行后的显示结果如图 8-8 所示。表单的上部显示了父表中当前记录 3 个选定字段的内容，在其下方的表格中则列出了子表中与当前父表记录对应的几个字段的内容，在表单的底部列出了多个功能按钮，分别单击这些按钮可以完成相应的操作。

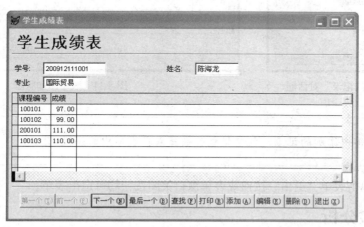

图 8-8　运行后的一对多表单

② 查找信息。如果数据表比较大，可以通过表单提供的查找功能，较快地找到所需信息。例如，如果查找姓名为"田纪"的学生信息，单击"查找"按钮，如图 8-9 所示，在对话框的字段、操作符和值中，分别选择或输入"姓名、等于、田纪"，单击"搜索"按钮后，即可看到姓名为"田纪"的学生信息。

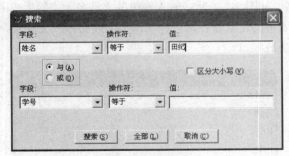

图 8-9 "搜索"对话框

③ 添加信息。通过表单可以同时给多个数据表添加记录。我们现在添加一个学生的信息，其信息为：学号、姓名、专业（200912111004、徐小川、国际贸易），4 门课成绩（100101、98,100102、96,200101、110,100103、80），单击"添加"按钮，如图 8-10 所示，选择"两者都添加记录"并输入学号；单击"添加"按钮，如图 8-11 所示。分别输入（徐小川、国际贸易，100101、98），单击"保存"按钮后，单击"添加"按钮，输入（100102、96），单击"保存"按钮后，重复以上操作输入（200101、110,100103、80）。至此，通过表单给数据表 student.添加了 1 条记录，给选课成绩数据表 score 添加了 4 条记录，可以打开相应的数据表进行查看。

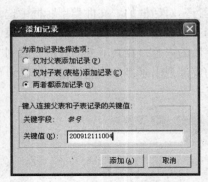

图 8-10 "添加记录"对话框

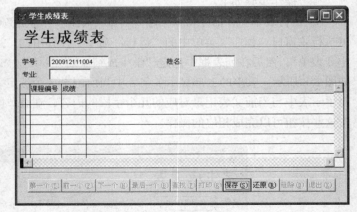

图 8-11 表单添加状态

表单中添加的记录，仅包括相关数据表在表单中的字段。

④ 退出。单击表单"退出"按钮或表单窗口关闭按钮均可退出表单。

四、实验分析

通过本实验，学习者能够初步认识表单的作用，熟练掌握利用表单向导创建一对多表单的方法，熟练掌握表单的运行、简单的使用及退出的方法。

五、实验拓展

在实验中，表单中还有一个"删除"按钮，是用于删除记录的。学习者可以通过单击该按钮删除某条记录，注意观察验证是删除的哪个数据表的记录？物理删除还是逻辑删除？如果只是删除了一个数据表的记录，那么如何同时删除两个数据表的记录？

实验二　表单控件的应用

一、实验目的

熟练掌握表单设计器及常用表单控件的使用方法。

二、实验任务

本实验所需素材：学生数据库（student.dbc），内含学生数据表（student.dbf）、课程数据表（course.dbf）和选课成绩数据表（score.dbf）。

使用表单设计器并利用各种常用表单控件创建表单。

三、实验过程

（1）设计一个名为"myform1"的表单，表单的标题为"学生基本情况查询表"。表单中有 1 个列表框（名称为 list1，显示的值为所有学生的姓名）、4 个标签（名称为 label1、label2、label3、label4，显示的值分别为：学号、姓名、性别、专业）、4 个文本框（名称为 text1、text2、text3、text4 分别显示数据表 student.dbf 中的选中学生的学号、姓名、性别和专业）。运行表单时，在列表框中双击一个学生姓名后，在左侧文本框中会显示其基本情况，单击"退出"按钮关闭表单。

参考操作步骤如下。

① 打开表单设计器。执行"文件"菜单中的"新建"命令，在弹出的"新建"对话框中选定"表单"单选按钮，然后单击"新建文件"按钮，打开"表单设计器"窗口，如图 8-12 所示。

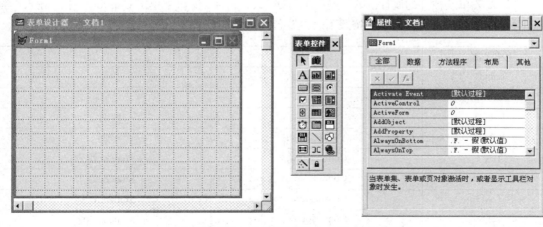

图 8-12　表单设计器、"表单控件"工具栏、"属性"窗口

② 指定表单的数据源。执行"显示"菜单中的"数据环境"命令，选择 student.dbf 后单击"添加"按钮，将其加入表单的数据环境中，如图 8-13 所示，然后关闭数据环境设计器。

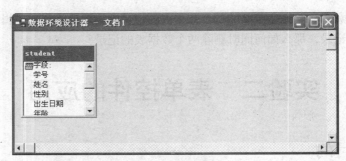

图 8-13　数据环境设计器

③ 添加控件。单击控件工具栏中的列表框按钮，在表单右上方添加 1 个列表框。采用相似的操作，在表单中添加 4 个标签（名称为 label1、label2、label3、label4）、4 个文本框（名称为 text1、text2、text3、text4）、1 个命令按钮（名称为 command1），并调整它们的大小与位置，如图 8-14 所示。

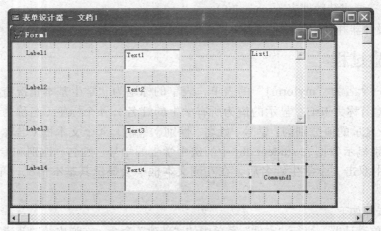

图 8-14　添加完控件的表单设计器

④ 设置表单及控件的属性。单击表单空白处，在"属性"窗口中单击 Caption 一栏，输入"学生基本情况查询表"。依此类推，按照下表设置各控件属性。

控件名称	属性名	设置值
Label1	Caption	学号：
Label2	Caption	姓名：
Label3	Caption	性别：
Label4	Caption	专业：
Text1	Controsource	Student.学号
Text2	Controsource	Student.姓名
Text3	Controsource	Student.性别
Text4	Controsource	Student.专业
Command1	Caption	退出
List1	RowSource	Student.姓名
	RowSourceType	6-字段

⑤ 输入代码。

双击列表框 List1，在它的 dblclick 事件中输入如下代码。

```
Thisform.refresh
```

输入完毕，关闭窗口。

双击命令按钮 Command1，在它的 Click 事件中输入如下代码。

```
ThisForm.Release
```

输入完毕，关闭窗口。

⑥ 保存并运行此表单。表单运行后，如图 8-15 所示，双击列表框中的"田纪"后，如图 8-16 所示，左侧内容随之更新，单击"退出"按钮，关闭表单。

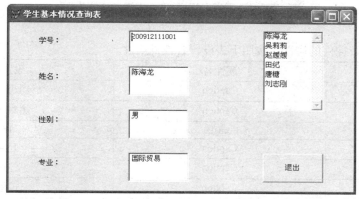

图 8-15　表单运行后的状态

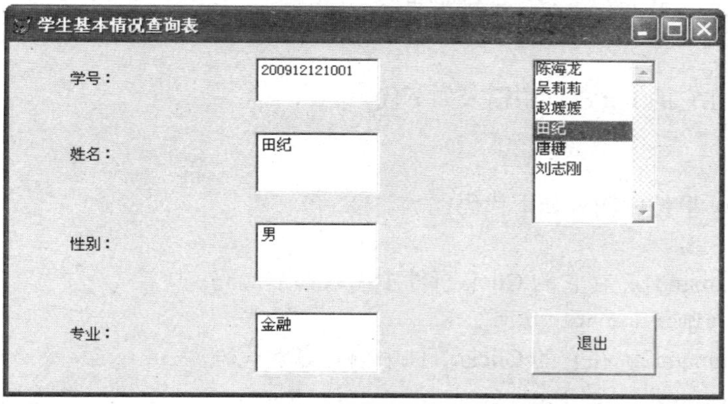

图 8-16　表单更新后的状态

（2）设计一个名为"myform2"的表单，表单的标题为"活动欢迎条幅"，表单上有 1 个标签（lable1，显示的值为"热烈欢迎"）、1 个计时器（timer1）和 3 个命令按钮（command1、command2、command3，显示的值为"开始""停止"和"退出"）。运行表单后，单击"开始"按钮，"热烈欢迎"会在表单窗口中左右移动，碰到边框后再向反方向移动；单击"停止"按钮，"热烈欢迎"不再移动；单击"退出"按钮，关闭表单。

参考操作步骤如下。

① 打开表单设计器，在表单中添加 1 个标签（lable1）、1 个计时器（timer1）和 3 个命令按钮文件（command1、command2、command3），如图 8-17 所示。

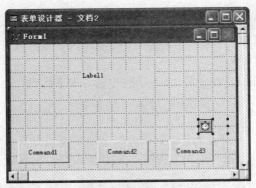

图 8-17 添加完控件后的表单

② 设置表单及控件的属性。按照下表设置各控件属性。

控件名称	属性名	设置值
Form1	Caption	活动欢迎条幅
Label1	Caption	热烈欢迎
	Fontsize	18
Command1	Caption	开始
Command2	Caption	停止
Command3	Caption	退出
Timer1	Interval	40
	Enabled	.f.

③ 输入代码。

表单 form1，在它的 Init 事件中输入如下代码。

```
Public tf
Tf=.t.
```

在它的 Destory 事件中输入如下代码。

```
Release tf
```

命令按钮 Command1，在它的 Click 事件中输入如下代码。

```
Thisform.timer1.enabled=.t.
```

命令按钮 Command2，在它的 Click 事件中输入如下代码。

```
Thisform.timer1.enabled=.f.
```

命令按钮 Command3，在它的 Click 事件中输入如下代码。

```
ThisForm.Release
```

计时器 Timer1，在它的 Timer 事件中输入如下代码。

```
If tf
     Thisform.label1.left=thisform.label1.left+2
Else
     Thisform.label1.left=thisform.label1.left-2
Endif
If thisform.label1.left<0 .or . thisform.label1.left>thisform.width-thisform.label1.width
     Tf= .not. tf
Endif
```

④ 保存并运行此表单。表单运行后，其效果符合题目要求。

（3）设计一个名为"myform3"的表单，表单上有 1 个标签（lable1，显示的值为"请输入密码"）和 1 个文本框（text1）。实现功能：输入密码时文本框中显示"*"，输入错误显示提示信息"密码不正确，第几次输入失败!"，两次输入不正确时，则显示提示信息"对不起，您不能使用本系统!"，然后结束表单运行；输入密码正确（密码为 666），则显示"密码正确，欢迎使用本系统!"，然后结束表单运行。

参考操作步骤如下。

① 在表单中添加一个标签（lable1）和一个文本框（text1）。

② 按照下表设置各控件属性。

控件名称	属性名	设置值
Form1	Caption	密码测试
Lable1	Caption	请输入密码
Text1	passwordchar	*

③ 输入代码。

表单 form1，在它的 load 事件中输入如下代码。

```
Public innum,oldpw
Innum=0
Oldpw="666"
```

文本框 text1，在它的 lostfocus 事件中输入如下代码。

```
Newpw=this.value
Innum=innum+1
If newpw=oldpw
   Messagebox("密码正确,欢迎使用本系统! ")
   Thisform.release
Else
   N=str(innum,1)
   Messagebox("密码不正确,第&N.次输入失败")
   If innum=2
     Messagebox("对不起,您不能使用本系统! ")
     Thisform.release
   Endif
Endif
This.value=' '
```

④ 保存并运行此表单。表单运行后，其效果符合题目要求。

（4）设计一个名为"myform4"的表单，如图 8-18 所示，它用命令按钮组控制记录的选择，用选项按钮组调整表单的背景颜色。

图 8-18　myform4 表单

参考操作步骤如下。

① 打开表单设计器，添加所需的控件。

② 执行"显示"菜单中的"数据环境"命令，将 score.dbf 表加入表单的数据环境。

③ 按照下表设置部分控件属性，未列出的属性参照之前的题目设置。

控件名称	属性名	设置值
Option1	ForeColor	0, 0, 230
Option2	ForeColor	200, 0, 0

④ 输入代码。

选项按钮组 optiongroup1，在它的 Click 事件输入如下代码。

```
Do Case
   Case this.value=1
      Thisform.backcolor=thisform.optiongroup1.option1.forecolor
   Case this.value=2
      Thisform.backcolor=thisform.optiongroup1.option2.forecolor
 EndCase
Thisform.refresh
```

在它的 Init 事件输入如下代码。

```
   This.value=0
```

命令按钮组 Command Group1，在它的 Click 事件输入如下代码。

```
Do Case
  Case this.value=1
    Skip -1
    If bof()
      Go top
    Endif
  Case this.value=2
    Skip
    If eof()
      Go bottom
    Endif
   Case this.value=3
     Thisform.release
EndCase
Thisform.refresh
```

⑤ 保存并运行此表单。表单运行后，其效果符合题目要求。

四、实验分析

表单控件数量较多，它们的组合应用丰富多彩。通过本实验，要求读者能够将以上题目与教材中的例题进行比较，分析其异同点，从而掌握常用表单控件的使用方法，设计出较为完善、美观的表单。

五、实验拓展

（1）设计一个计时的"秒表"表单，表单上有 1 个文本框（显示秒数）、1 个标签（显示"秒"字）、1 个命令按钮组（4 个命令按钮，名称为"开始""暂停""清 0"和"退出"），1 个计时器。

实现功能：表单运行后，秒数为 0，单击"开始"后，开始计时（显示秒数）；单击"暂停"后，暂停计时，再单击"开始"后，在原有秒数的基础上继续计时；单击"清 0"后，秒数归 0；单击"退出"后，关闭表单。

（2）设计一个表单，名为 myform，表单上有 2 个命令按钮"输出"和"退出"（名称分别为 Command1 和 Command2）。1 个文本框（名称为 text1），1 个标签（名称为 label1）。实现功能：（1）单击"输出"命令按钮，文本框中输入的学生成绩的等级在标签中显示，等级划分为：不及格（小于 60）、及格（大于等于 60 小于 70）、良好（大于等于 70 小于 90）、优秀（大于等于 90），输入其他值则显示"输入错误"；（2）单击"退出"命令按钮关闭表单。

综合练习

一、单选题

1. 对于选项按钮组来说，（   ）属性用于返回用户选中项的序号，如用户选中第 1 项，该属性的值为 1。

    A. ButtonCount   B. Buttons

    C. Value   D. 其他三选项都不对

2. （   ）属性用于设置图形控件四个角的曲率（弯曲度），其取值范围是 0～99。

    A. Curvature   B. BorderWidth   C. ForeColor   D. FillStyle

3. 标签控件的（   ）属性用于设置是否允许标签的标题文本折行显示。

    A. AutoSize   B. WordWrap   C. Alignment   D. Enabled

4. 对象的属性是指（   ）。

    A. 对象所具有的行为   B. 对象所具有的动作

    C. 对象所具有的特征和状态   D. 对象所具有的继承性

5. 下列关于属性、方法和事件的叙述中，正确的是（   ）。

    A. 用户可以删除已有属性   B. 用户可以删除已有方法

    C. 用户可以增加自己的方法   D. 用户可以增加自己的事件

6. 在任何时候都可以表示表单对象的名是（   ）。

    A. HISFROM   B. THISFROMSET

    C. THIS   D. 用户定义的对象标识名

7. （   ）属于非可视控件类。

    A. 选项按钮组（OptionGroup）   B. 计时器（Timer）

    C. 表单（Form）   D. 命令按钮（Command）

8. （   ）属性用来设置计时器的时间间隔。

    A. Enabled   B. Caption   C. Interval   D. Value

9. 下面有关表单数据环境的叙述，错误的是（   ）。

    A. 可以在数据环境中加入和表单有关的表   B. 数据环境的表单是容器

    C. 可以在数据环境中建立表之间的联系   D. 表单自动打开其数据环境中的表

10. 最适合用来处理多行文本内容的控件是（   ）。

    A. 文本框   B. 编辑框   C. 组合框   D. 列表框

11. 在一个表单中运行另一个表单 T1.scx，可以使用命令（　　）。
    A. Do T1 　　　　　　 B. Do Form T1 　　　　　 C. T1Show 　　　　　 D. T1.Visible=.T.

12. 形状控件所显示的图形不可能是（　　）。
    A. 圆 　　　　　　　　 B. 椭圆 　　　　　　　 C. 圆角正方形 　　　 D. 等边三角形

13. 使标签标题文字竖排，必须把其（　　）属性值设置为.T.
    A. Alignment 　　　　 B. Enabled 　　　　　　 C. Visible 　　　　　 D. WordWarp

14. 为了在文本框输入字符显示占位符号"*"，应该设置文本框的属性是（　　）。
    A. PasswordChar 　　 B. Caption 　　　　　　 C. Name 　　　　　　 D. Value

15. 下列控件中，不能设置数据源的是（　　）。
    A. 复选框 　　　　　　 B. 列表框 　　　　　　 C. 命令按钮 　　　　 D. 选项组

16. 要使文本框最多只能接受 5 个数字字符，应对文本框做的设置为（　　）。
    A. 把 Inputmask 属性设置为 99999 　　　　　　 B. 把 Inputmask 属性设置为 9
    C. 把 Format 属性设置为 99999 　　　　　　　　 D. 把 Format 属性设置为 9

17. 编辑框的 Value 属性可以和（　　）进行绑定。
    A. 数据字段 　　　　　　　　　　　　　　　　　 B. 内存变量
    C. 数据字段或内存变量 　　　　　　　　　　　　 D. 以上三种都不是

18. 设置一个命令按钮组控件包括 3 个按钮，可将其（　　）属性设置为 3。
    A. Visible 　　　　　 B. ButtonCount 　　　　 C. ControlSource 　 D. Buttons

19. 列表框控件中（　　）属性用于储存用户选择的选项。
    A. ControlSource 　　　　　　　　　　　　　　 B. RowSource
    C. RowSourceType 　　　　　　　　　　　　　 D. ColumnCount

20. 下面关于列表框和组合框的叙述中，正确的是（　　）。
    A. 列表框和组合框都可以设置成多重选择
    B. 列表框可以设置成多重选择，组合框不行
    C. 组合框可以设置成多重选择，列表框不行
    D. 列表框和组合框都不可以设置成多重选择

21. 要使组合框既可以从下拉列表中选择输入，也可以在文本框中使用键盘输入，则其 Style 属性应设为（　　）。
    A. 0 　　　　　　　　 B. 1 　　　　　　　　　 C. 2 　　　　　　　　 D. 3

22. 通过调用表单的（　　）方法，可以在表单上画圆。
    A. Refresh 　　　　　 B. Hide 　　　　　　　 C. Circle 　　　　　 D. Show

23. 类是一组具有相同属性和相同操作的对象的集合，类之间共享属性和操作的机制称为（　　）。
    A. 多态性 　　　　　　 B. 动态绑定 　　　　　 C. 继承性 　　　　　 D. 封装性

24. 复选框的 Value 属性值为 1 时，表示（　　）。
    A. 复选框变灰色 　　　　　　　　　　　　　　 B. 操作错误
    C. 复选框未被选中 　　　　　　　　　　　　　 D. 复选框被选中

25. 复选框的值发生改变时，触发的事件是（　　）。
    A. InteractiveChange 　　　　　　　　　　　 B. Click
    C. DbClick 　　　　　　　　　　　　　　　　 D. Message

26. 下面有关选项按钮组的 Value 属性值的叙述中，正确的是（　　　）。
    A. Value 属性值可能是一个逻辑值，为.F.表示当前未选定任何按钮
    B. Value 属性值可能是一个字符串，表示被选中按钮的 Caption 值
    C. Value 属性值可能是一个整数，表示被选中按钮的个数
    D. Value 属性值可能是一个逻辑值，为.T.表示选中所有按钮

27. 计时器控件 Interval 属性的单位是（　　　）。
    A. 秒　　　　　　　B. 分　　　　　　　C. 小时　　　　　　D. 毫秒

28. 计时器控件能有规律的以一定时间间隔触发（　　　）事件，并执行该事件代码。
    A. Click　　　　　B. Time　　　　　　C. Enable　　　　　D. Interval

29. 对象的（　　　）属性可设置控件与其父对象最顶端的距离。
    A. Left　　　　　　B. Top　　　　　　C. Width　　　　　　D. Height

30. 使控件获得焦点，应该调用控件的（　　　）方法。
    A. Timer　　　　　B. GotFocus　　　　C. Click　　　　　　D. SetFocus

31. 下列关于微调控件的说法中，不正确的是（　　　）。
    A. 可以使用微调控件和文本框来微调数值
    B. 可以使用微调控件和文本框来微调日期
    C. 微调控件属于容器类控件
    D. 增减的步长取决于属性 Increment 的值

32. 不能直接在表单上添加的对象是（　　　）。
    A. 表格　　　　　B. 选项按钮组　　　C. 命令按钮组　　D. 页面

33. 当需要在表单中显示 Excel 电子报表，并且需要时可以借助 Excel 电子报表软件来对它进行编辑，那么要在表单中添加（　　　）。
    A. ActiveX 控件　　　　　　　　　　B. ActiveX 绑定控件
    C. 图像控件　　　　　　　　　　　　D. 从上述 A、B、C 中任选一种都可以

34. 在运行表单时，下列有关表单事件引发次序的叙述正确的是（　　　）。
    A. Activate→Init→Load　　　　　　B. Load→Activate→Init
    C. Activate→Load→Init　　　　　　D. Load→Init→Activate

35. 下列关于编辑框的说法中，正确的是（　　　）。
    A. 可用来选择、剪切、粘贴及复制正文　　B. 在其中只能输入和编辑字符型数据
    C. 编辑框实际上是一个完整的字处理器　　D. 以上说法均正确

36. DBLClick 事件在（　　　）时引发。
    A. 用鼠标双击对象　　　　　　　　　B. 用鼠标左键单击对象
    C. 表单对象建立之前　　　　　　　　D. 用鼠标右键单击对象

37. 对象的属性是指（　　　）。
    A. 对象所具有的行为　　　　　　　　B. 对象所具有的动作
    C. 对象所具有的特征和状态　　　　　D. 对象所具有的继承性

38. 下列关于事件的描述，不正确的是（　　　）。
    A. 事件可以由系统产生
    B. 事件是对象可以识别的用户或系统的动作
    C. 事件可以由用户的操作产生

D. 事件就是方法

39. 表单的 Name 属性用于（　　　　）。

    A. 表单运行时显示在标题栏中　　　　　　　B. 作为保存表单时的文件名

    C. 引用表单对象　　　　　　　　　　　　　D. 作为运行表单时的表单名

40. 在表单上同时选中多个控件的方法是（　　　）。

    A. 用鼠标依次单击各个控件

    B. 先单击第一个控件，左手按住<Alt>键并保持，用鼠标依次单击其余各控件

    C. 先单击第一个控件，左手按住<Ctrl>键并保持，用鼠标依次单击其余各控件

    D. 先单击第一个控件，左手按住<Shift>键并保持，用鼠标依次单击其余各控件

二、判断题

1. 控件的 FontBold 属性，用来设置文字是否以粗体显示。（　　）

2. 控件的 Fontname 属性，可用来设置所显示文字的字体。（　　）

3. 相对引用是指相对于当前的控件开始的引用。（　　）

4. 子类可以自动继承父类的属性和方法，这种特性称为类的多态性。（　　）

5. 数据环境定义中只能包含一个表。（　　）

6. 利用表单控件工具栏中的"按钮锁定"按钮，可以在表单上画出多个同类的控件。（　　）

7. 对象的 ForeColor 属性用来设置对象的背景颜色。（　　）

8. Top 和 Left 属性决定控件的位置。（　　）

9. Width 和 Height 属性决定控件的大小。（　　）

10. 要设置调用 timer 事件的时间间隔为 1 秒,应把计时器控件 Interval 属性的值设置为 1000。（　　）

11. 要使计时器控件失效，在 Enabled 属性的值为.T.的情况下，可以设置其 Interval 属性的值为 0。（　　）

12. 要选定一个在容器中的控件，用鼠标右键单击该容器，选择"编辑"菜单命令（此时容器周围出现蓝色边框线），单击可选中要选的控件。（　　）

13. 选择表单上的多个控件的方法是按住<Shift>键的同时，用鼠标依次单击要选的控件，即可同时选定多个控件。（　　）

14. 选择表单上的多个控件的方法是拖动鼠标画出一个方框，包围所要选定的控件，即可同时选定多个控件。（　　）

15. 选中表单中某对象后按<Del>键，可将该对象删除。（　　）

三、操作题

1. 设计一个表单，名为 myform 1 ，表单上有 2 个命令按钮"计算"和"退出"（名称分别为 Command1 和 Command2），2 个标签（名称为 label1，内容为"输入数据"；名称为 label2，显示结果），1 个文本框（名称为 text1，在此输入数据）。单击"计算"命令按钮，计算出该数据（该数据为自然数）之内所有奇数的和，单击"退出"命令按钮关闭表单。

2. 设计一个表单，名为 myform2，表单上有 3 个命令按钮"查找""替换"和"退出"（名称分别为 Command1、Command2 和 Command3），1 个编辑框（名称为 edit1，内容为"This is a example"）。单击"查找"命令按钮，选择 edit1 中的单词 exemple；单击"替换"，用单词 exeicise 置换已选择的单词，单击"退出"命令按钮关闭表单。

3. 设计一个表单，名为 myform3，表单上有 2 个命令按钮"计算"和"退出"（名称分别为

Command1 和 Command2），2 个标签（名称为 label1，内容为"输入整数数据"，label2，用于输出结果），1 个文本框（名称为 text1，在此输入数据）。单击"计算"命令按钮，计算出从 100 到输入数据（一个三位数）内的所有"水仙花数"的个数。水仙花数是指一个三位数，其各位数字的立方和等于该数本身。单击"退出"命令按钮关闭表单。

　　4. 设计一个表单，名为 myform4，表单的标题为"统计学生人数"。表单中有 2 个复选框（名称为 check1、check2，其属性 caption 分别为男生、女生）、1 个标签（名称为 label1，内容为"显示人数"）、1 个文本框（名称为 text1，用于显示结果）、2 个命令按钮"统计"和"退出"（名称分别为 Command1 和 Command2）。运行表单时，当选择性别时，在文本框中显示 student.dbf 中该性别的人数。单击"退出"按钮关闭表单。

第9章
菜单设计及应用

实验一　菜单的创建

一、实验目的

掌握利用菜单设计器创建菜单的方法。

二、实验任务

本实验所需素材：学生数据库（student.dbc），内含学生数据表（student.dbf）、课程数据表（course.dbf）和选课成绩数据表（score.dbf）。

利用菜单设计器，为维护学生数据表（student.dbf）创建一个菜单。

三、实验过程

为学生数据表（student.dbf）设计一个菜单，包括"维护学生表"和"退出"两个菜单项，维护学生表又包括"浏览""增加记录"和"物理删除记录"3个子菜单项。

参考操作步骤如下。

① 打开菜单设计器。执行"文件"菜单中的"新建"命令，在弹出的"新建"对话框中选定"菜单"单选按钮，然后单击"新建文件"按钮，再单击"菜单"按钮后，打开"菜单设计器"窗口，如图9-1所示。

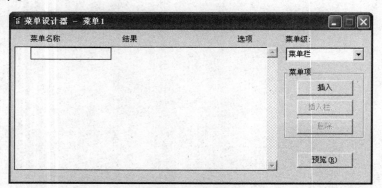

图9-1　菜单设计器

② 设置主菜单。在"菜单设计器"窗口内输入"维护学生表"和"退出"2 个菜单名称并指定其对应的"结果"项，如图 9-2 所示。

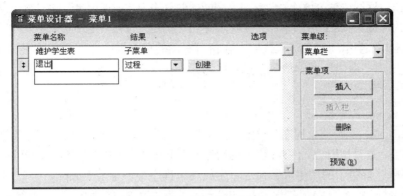

图 9-2　设置主菜单栏

③ 为"维护学生表"菜单项设置子菜单项。选中该菜单项后单击出现的"创建"按钮，输入"浏览""增加记录"和"物理删除记录"3 个子菜单项名称并指定其对应的"结果"项，如图 9-3 所示。

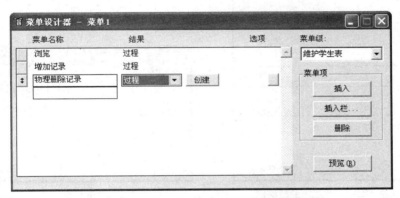

图 9-3 设置"维护学生表"菜单项的子菜单项栏

分别单击各子菜单后的"创建"按钮，在弹出的过程编辑窗口内输入相应的代码，输入完后关闭过程编辑窗口。

"浏览"代码：

```
USE student
BROWSE NOMODIFY NOAPPEND
CLOSE DATABASE
```

"增加记录"代码：

```
USE student
APPEND
CLOSE DATABASE
```

"物理删除记录"代码：

```
USE student
INPUT  "请输入被删除记录的记录号:" TO  jlh
DELE  RECORD  jlh
PACK
CLOSE DATABASE
```

分别为 3 个子菜单项设置快捷键。选中"浏览"菜单项后单击其右端的"选项"按钮，在弹出的"提示选项"对话框中，单击"键标签"文本框，然后在键盘上按<Alt+L>组合键，如图 9-4 所示，单击"确定"按钮后返回"菜单设计器"窗口。用同样的方法为"增加记录"和"物理删除记录"菜单项指定各自的快捷键（<ALT+A>、<ALT+D>）。单击"确定"按钮后返回"菜单设计器"窗口。

④ 为"退出"菜单项定义过程代码。在窗口右侧的菜单级中选择"菜单栏"，回到主菜单窗口，用同样方法为"退出"菜单项定义过程代码。

```
MODIFY WINDOW SCREEN
SET SYSMENU TO DEFAULT
ACTIVATE WINDOW COMMAND
```

⑤ 保存、生成、运行菜单程序。单击"常用"工具栏上的"保存"按钮保存菜单定义，文件名为"维护学生表"。查看相应的文件夹，会看到增加了两个文件：维护学生表.mnx 和维护学生表.MNT。

执行"菜单"菜单中的"生成"命令，生成菜单程序维护学生表.mpr。

在命令窗口执行命令"DO 维护学生表.mpr"后，原系统菜单被新菜单替代，其结果如图 9-5 所示。

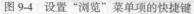

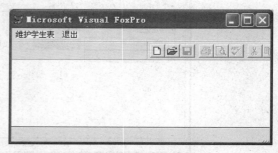

图 9-4　设置"浏览"菜单项的快捷键　　　　　图 9-5　"维护学生表"菜单窗口

现在单击"维护学生表"选择"浏览"子菜单，可以浏览学生数据表（student.dbf）的记录；选择"增加记录"子菜单，可以自己输入若干条新记录；选择"物理删除记录"子菜单，输入要删除的某个记录号后按<Enter>键，则该记录被物理删除。用它们各自的快捷键可以实现同样操作。

单击"退出"菜单即可返回系统菜单。

四、实验分析

通过本次实验使读者能够掌握利用菜单设计器创建菜单的方法，更深入地了解创建菜单的作用。

实验二　快捷菜单的创建

一、实验目的

掌握利用快捷菜单设计器创建快捷菜单的方法。

二、实验任务

本实验所需素材：学生数据库（student.dbc），内含学生数据表（student.dbf）、课程数据表（course.dbf）和选课成绩数据表（score.dbf）。

利用快捷菜单设计器，为维护选课成绩数据表（score.dbf）的表单创建一个快捷菜单。

三、实验过程

用表单向导为选课成绩数据表（score.dbf）创建一个名为"维护成绩表"的表单，如图 9-6 所示。为其学号操作设计一个具有"撤消""剪切""复制"和"粘贴"4 个菜单项的快捷菜单。

图 9-6　"维护成绩表"表单窗口

参考操作步骤如下。

① 打开快捷菜单设计器。执行"文件"菜单下的"新建"命令，在弹出的对话框中选中"菜单"选项后单击"新建文件"按钮，再在弹出的"新建菜单"对话框中单击"快捷菜单"按钮，打开图 9-7 所示的"快捷菜单设计器"窗口。

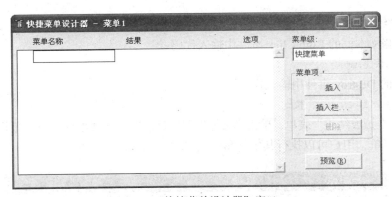

图 9-7　"快捷菜单设计器"窗口

② 加入菜单项。单击窗口右侧的"插入栏…"按钮，在弹出的"插入系统菜单栏"对话框（见图 9-8）中选定"剪切"后单击"插入"按钮，"剪切"菜单项即出现在"快捷菜单设计器"窗口中，用同样的方法插入"复制""粘贴"和"撤消"几个菜单项，关闭插入系统菜单栏，如图 9-9 所示。

③ 单击"常用"工具栏上的"保存"按钮，将菜单定义保存为快捷.mnx 文件，执行"菜单"菜单中的"生成"命令生成"快捷.mpr"菜单程序。

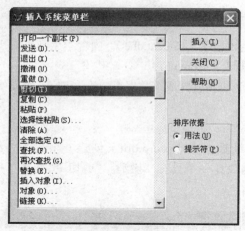

图 9-8　"插入系统菜单栏"对话框

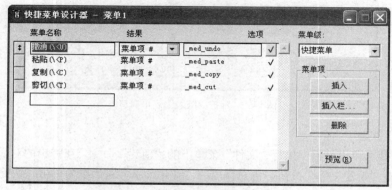

图 9-9　加入菜单项后的"快捷菜单设计器"窗口

④ 打开"维护成绩表"表单。

在学号右侧文本框的 RightClick 事件中输入代码：

```
DO 快捷.mpr
```

在 Form1 的 Destroy 事件中输入代码：

```
RELEASE POPUPS 快捷
```

⑤ 运行"维护成绩表"表单，单击"编辑"按钮后，在学号文本框上单击鼠标右键即可弹出所设计的快捷菜单，用户可以执行其中的命令，如图 9-10 所示。

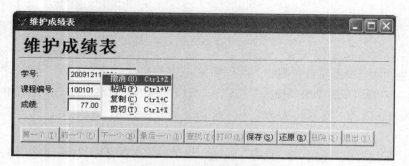

图 9-10　表单窗口及快捷菜单

四、实验分析

通过本实验使读者能够掌握利用快捷菜单设计器创建快捷菜单的方法，以及如何调用快捷菜单。

综合练习

一、单选题

1. 假设已经生成了名为 mymenu.mpr 的菜单程序文件，则执行该菜单程序文件的命令是（   ）。

    A. DO mymenu   B. DO mymenu.mpr

    C. DO mymenu.pjx   D. DO mymenu.mnx

2. 为表单建立了快捷菜单 mymenu，调用快捷菜单的命令代码"DO mymenu.mpr"应该放在表单的（   ）事件中。

    A. Destory   B. Init   C. Load   D. RightClick

3. 在菜单设计器的"结果"一列的列表框中，可供选择的项目包括（   ）。

    A. 填充名称、过程、子菜单、快捷键   B. 命令、过程、子菜单、函数

    C. 命令、过程、填充名称、函数   D. 命令、过程、子菜单、菜单项#

4. 使用 VFP 菜单设计器时，选中某个菜单项之后，如果要设计它的子菜单，应在结果中选择（   ）。

    A. 填充名称   B. 子菜单   C. 命令   D. 过程

5. 在制作菜单时，若在某一菜单项的"结果"栏中要发生的动作类型为"过程"，则表示要（   ）。

    A. 要执行一条命令   B. 要执行一段程序代码

    C. 执行一个子菜单   D. 预设的空菜单项

6. 用户可以在菜单设计器窗口右侧的（   ）列表框中查看菜单所属的级别。

    A. 菜单项   B. 菜单级   C. 预览   D. 插入

7. 菜单设计器窗口右侧的（   ）按钮的功能是插入 VFP 系统菜单栏。

    A. 删除   B. 预览   C. 插入栏   D. 插入

8. 菜单设计器窗口右侧的（   ）按钮的功能是插入一个新菜单项。

    A. 删除   B. 预览   C. 插入栏   D. 插入

9. 某菜单项的名称是"编辑"，热键是 E，则应在菜单名称一栏中输入（   ）。

    A. 编辑（\<E）   B. 编辑（Ctrl+E）

    C. 编辑（Alt+E）   D. 编辑（E）

10. 某菜单项的名称是"查找"，快捷键是<Ctrl+F>组合键，则应在菜单名称所在栏的（   ）列中进行快捷键的设置。

    A. 选项   B. 结果

    C. 菜单名称   D. 其他三个选项都不对

11. 执行"菜单"→"生成"菜单项后，生成的菜单程序的扩展名是（   ）。

    A. .mnx   B. .dbf   C. .mpr   D. .idx

12. 添加菜单项的"热键"，一般使用的辅助键是（　　）。

    A. Ctrl   B. Alt   C. Shift   D. Del

13. 利用"菜单设计器"创建的程序的扩展名是（　　）。

    A. .mnx   B. .dbf   C. .mpr   D. .idx

14. 设置菜单的整体属性需要选择"显示"菜单中的（　　）命令。

    A. 常规选项   B. 菜单选项   C. 工具栏   D. 数据环境

15. 设计一个菜单的选项的功能为退出 Visual FoxPro，则应设置其结果为命令，并在其后输入命令（　　）。

    A. EXIT   B. QUIT

    C. SET SYSMENT TO DEFAULT   D. THISFORM.RELEASE

16. 生成菜单程序的方法是：在设计器中打开菜单，选择"菜单"下（　　）的命令，就可生成一个扩展名为.mpr 的菜单程序。

    A. 插入菜单项   B. 快速菜单   C. 预览   D. 生成

17. 设置菜单中的某个选项的功能为调用一个表单，则应设置该选项的"结果"为（　　），并输入 do form<表单文件名>。

    A. 子菜单   B. 过程   C. 填充名称   D. 命令

18. 常规选项中的（　　）代码用于定义刚启动菜单时完成的操作。

    A. 调用   B. 清理   C. 设置   D. 初始化

19. 快捷菜单的调用代码通常设置于某个对象的（　　）事件中。

    A. Activate Event   B. RightClick   C. Init Event   D. Destroy Event

二、填空题

1. 在"菜单设计器"窗口状态下，要设置菜单可被一个顶层表单调用，应该执行"显示"→"常规选项"命令，并把对话框中的_____复选框选中。

2. Visual FoxPro 6.0 支持两种类型的菜单，_____菜单和快捷菜单。

3. "菜单系统"由_____、下拉菜单和多个菜单选项组成。

4. 在菜单的提示选项对话框中，若设置某选项的"跳过选项"表达式结果为_____。

5. 在完成菜单系统的设计后，可利用"菜单设计器"的_____按钮浏览菜单的运行结果。

6. 在"菜单设计器"中，"插入"按钮可在当前菜单或菜单项位置之前插入一个_____或_____。

7. 利用菜单完成某个功能，可以设置菜单选项调用表单、程序、查询和报表等，在菜单中调用表单的命令为_____。

8. 在"菜单设计器"的窗口中，菜单项位置的调整可以通过拖动_____前面的按钮来实现。

9. 在菜单中调用报表文件 myReport 进行预览的命令为_____。

三、操作题

1. 创建一个下拉式菜单（菜单文件名为统计.mnx），运行该菜单程序时会在当前 VFP 系统菜单的末尾追加一个"订单统计"子菜单，如下图所示。

（1）"订单统计"下有两个菜单项，分别为"统计"和"返回"，它们的功能都通过执行过程完成。

（2）菜单命令"统计"的功能是根据 Orders 表（如下图所示）以某年某月为单位求订单金额的和。统计结果包含"年份""月份"和"合计"3 项内容（若某年某月没有订单，则不应包含记录）。统计结果应按年份降序、月份升序排序，并存放在 table1 表中。

（3）菜单命令"返回"的功能是返回标准的系统菜单。

订单号	客户号	职员号	签订日期	金额
0001	1001	101	10/03/12	52.00
0002	1002	101	10/17/12	32.00
0003	1003	104	11/21/12	87.00
0004	1004	105	12/24/12	125.00
0005	1005	107	01/28/13	145.00
0006	1005	109	09/05/12	535.00
0008	1008	111	12/02/12	444.00
0009	1008	112	12/14/12	555.00
0010	1010	113	01/15/13	646.00
0011	1010	115	09/22/12	888.00
0012	1012	116	09/29/12	124.00
0013	1013	117	10/29/12	222.00
0014	1014	118	11/18/12	122.00
0015	1013	119	12/04/12	55.00
0016	1005	103	02/22/13	85.20
0017	1007	106	03/21/13	120.50
0018	1010	108	04/15/13	60.30
0019	1004	114	05/17/13	80.10
0020	1012	102	07/01/13	90.00
0021	1001	101	08/07/13	31.10
0022	1001	115	04/19/14	102.00
0023	1002	102	09/23/13	58.00
0024	1004	103	09/26/13	111.00
0025	1005	104	10/28/13	214.00
0026	1005	105	11/04/13	90.20
0027	1007	106	11/14/13	213.00
0028	1008	111	12/12/13	230.00
0029	1008	112	01/14/14	129.00
0030	1010	113	02/14/14	212.00

订单号	客户号	职员号	签订日期	金额
0031	1010	115	05/23/14	320.00
0032	1012	116	05/30/14	210.00
0033	1013	117	05/31/14	130.00
0034	1014	118	05/20/14	180.00
0035	1013	119	06/06/14	56.00
0036	1005	107	06/25/14	85.50
0037	1007	108	06/21/14	120.75
0038	1010	109	07/15/14	60.80
0040	1012	114	05/31/14	90.50
0041	1001	101	08/07/14	115.00
0042	1013	102	08/19/14	63.00
0043	1012	104	08/23/14	116.40
0044	1014	105	09/26/14	102.50
0045	1010	107	09/30/14	104.00
0046	1011	109	10/04/14	255.50
0048	1007	111	11/12/14	244.00
0049	1009	112	11/14/14	355.70
0050	1004	113	12/15/14	466.00
0051	1005	115	01/21/15	288.00
0052	1006	116	01/28/15	212.80
0053	1003	117	02/28/15	122.20
0054	1010	119	02/17/15	312.00
0055	1011	118	03/06/15	315.00
0056	1013	106	03/25/15	185.20
0057	1012	108	04/21/15	212.50
0058	1002	103	05/15/15	160.80
0059	1001	102	06/17/15	59.10
0060	1012	114	07/31/15	169.00

2. 利用菜单设计器建立一个名为"成绩统计"的条形菜单，菜单项有"统计"和"退出"两项，数据源为学生数据库。要求如下。

（1）"统计"菜单下只有一个"平均"菜单项，该菜单项用来统计各门课程的平均成绩，统计结果包含"课程名"和"平均成绩"两个字段，统计结果按课程名升序保存在表 table2 中。

（2）"退出"菜单项的功能是返回 Visual FoxPro 系统菜单（只能在命令框中填写相应命令）。

第10章

报表设计及应用

实验一　报表设计的基本概念

一、实验目的

（1）加深对 Visual FoxPro 6.0 中报表的基本概念的理解。

（2）熟练掌握创建简易报表的步骤。

（3）理解报表的基本概念，复习创建简易报表的方法。

（4）按照提示向导一步步完成各项工作，并理解每一步同前一步工作的先后关系。

（5）理解数据表字段及报表样式等基本概念。

二、实验任务

本实验所需素材：学生数据库（student.dbc），内含学生数据表（student.dbf）、课程数据表（course.dbf）和选课成绩数据表（score.dbf）。

利用实验素材，创建简易报表。

三、实验过程

为学生数据库中的"学生表"建立简易报表。

参考实验步骤。

① 执行"文件"菜单中的"新建"命令，在弹出的"新建"对话框中选定"报表"单选按钮，如图 10-1 所示。然后单击"向导"按钮。

② 单击"向导"按钮后，将弹出图 10-2 所示的"向导选取"对话框。从中选取"报表向导"，并单击"确定"按钮。

③ 然后将进入报表向导的步骤 1～步骤 6。首先是报表向导的步骤 1："步骤 1-字段选取"，如图 10-3 所示。本例将从"可用字段"列表框中分别选取：学号、姓名、性别、出生日期和政治面貌 5 个字段到"选定字段"列表框。选择的方法：从"可用字段"中选中一个字段，然后单击向右的箭头，被选中的字段就进入到最右边的"选定字段"列表框中。

图 10-1 "新建"单选按钮对话框

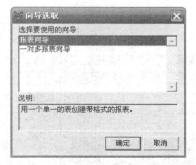

图 10-2 "向导选取"对话框

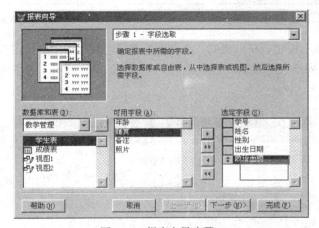

图 10-3　报表向导步骤 1

④ 选定好要添加到报表中的字段后，单击"下一步"，进入"步骤 2 – 分组记录"，如图 10-4 所示。注意：只有已建立索引的字段才能作为分组的关键字段。在本例中，没有指定分组选项。此时，单击图 10-4 所示的"总结选项"按钮，可在报表中添加分组统计函数项，如图 10-5 所示。

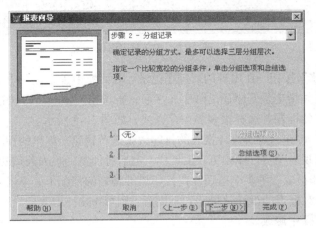

图 10-4 步骤 2 - 记录分组

⑤ 单击"下一步"按钮，在出现的"步骤 3 - 选择报表样式"对话框中，选取一种报表样式。本例选定"简报式"样式，如图 10-6 所示。

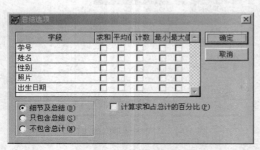

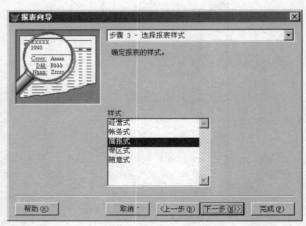

图 10-5　"总结选项"对话框 　　　　　　　　　　　图 10-6　选择报表样式

⑥ 单击"下一步"按钮，在出现的"定义报表布局"对话框中，指定报表的布局是单栏还是多栏、是行报表还是列报表、是纵向打印还是横向打印。本例选定为"纵向"打印的单栏列式报表，如图 10-7 所示。

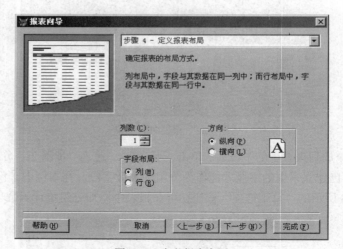

图 10-7　定义报表布局

⑦ 单击"下一步"按钮，在出现的"排序记录"对话框中指定报表中记录的排列顺序。即选取排序的关键字段，并指定是升序还是降序。然后，再单击"下一步"按钮，在出现的"完成"对话框中，指定报表的标题并选择报表的保存方式，如图 10-8 所示。

⑧ 单击"预览"按钮，对所设计报表的打印效果进行预览。本例的预览效果如图 10-9 所示。此时在主窗口将会出现一个"打印预览"工具栏，包括对预览的报表前后翻页观看，以及"缩放""关闭预览"和"打印报表"等多个按钮。在打印机准备好的情况下，单击"打印报表"按钮即可开始报表的打印。若对报表的设计效果感到不满意，则可单击"报表向导"对话框中的"上一步"按钮，返回前面的步骤中修改。

图 10-8　完成步骤

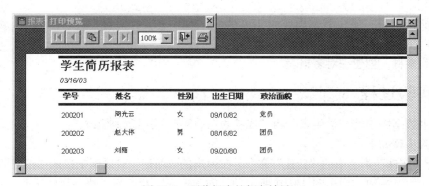

图 10-9　预览报表的打印效果

⑨ 单击"关闭预览"按钮后回到"完成"对话框。然后单击"完成"按钮，在弹出的"另存为"对话框中指定报表的文件名和保存位置，将设计完成的报表保存成名为"学生简历.FRX"的报表文件。

四、实验分析

报表就是以表格等形式动态地显示数据。报表的设计是数据库应用系统程序开发的一个重要组成部分。通过报表可以方便地向用户展示数据库中的数据及用户对数据的处理结果；并可按照用户的要求以各种格式化的报表或标签的形式打印出来。

在实验中要注意以下几点。

（1）明确数据表的字段在报表设计中的重要性。

（2）熟悉报表设计中各个步骤的前后关系。

（3）熟悉报表设计中各种报表样式的展示风格。

五、实验拓展

思考：1. 如果与报表相关联的数据表内容更新了，报表的内容会不会更新。2. 能否随心所欲地设计自己喜欢的报表样式。

实验二　一对多报表设计

一、实验目的

（1）加深对一对多的表间关系的理解。

（2）熟练掌握创建一对多报表的各个步骤。

（3）理解一对多表间关系的特征，复习创建一对多表间关系的方法。

（4）学会按照提示向导一步步完成各项工作，理解每一步同前一步工作的先后关系。

（5）理解排序等基本概念。

二、实验任务

本实验所需素材：学生数据库（student.dbc），内含学生数据表（student.dbf）、课程数据表（course.dbf）和选课成绩数据表（score.dbf）。

利用实验素材，创建一对多报表。

三、实验过程

选取学生数据库中的"学生表"与"成绩表"，建立"学生成绩报表"。

参考实验步骤如下。

① 执行"文件"菜单中的"新建"命令，在弹出的"新建"对话框中选定"报表"单选按钮，然后单击"向导"按钮，弹出图10-10所示的"向导选取"对话框。然后从中选取"一对多报表向导"，并单击"确定"按钮。

② 在弹出的"一对多报表向导"对话框中完成步骤1~步骤6的操作，如图10-11所示。

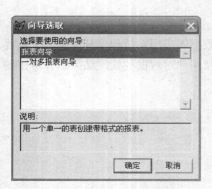

图10-10　"向导选取"对话框

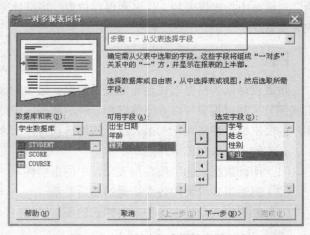

图10-11　一对多报表向导步骤　1

在学生数据库中，如图10-11所示，其中student表与score表具有一对多的关系。在步骤1中，从student表中选择"学号""姓名""性别"和"专业"4个字段。并单击"下一步"按钮。进入"步骤2-从子表选择字段"，如图10-12所示。

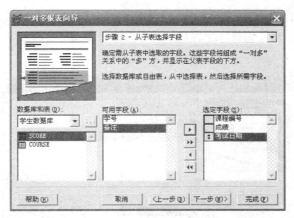

图 10-12 一对多报表向导　步骤 2

从步骤 2 中选择子表 score，并选择字段 "课程编号""成绩" 和 "考试日期" 3 个字段。然后单击 "下一步" 按钮，进入 "步骤 3 –为表建立关系"，如图 10-13 所示。

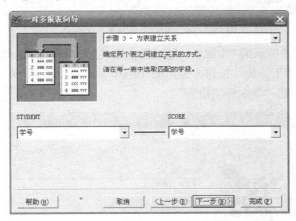

图 10-13 一对多报表向导　步骤 3

③ 在弹出的图 10-13 所示的 "步骤 3 - 为表建立关系" 对话框中，根据两表的公共字段建立表间的关系，这是一种等值关系，这里两者的公共字段为 "学号"。然后单击 "下一步" 按钮，进入步骤 4，如图 10-14 所示。

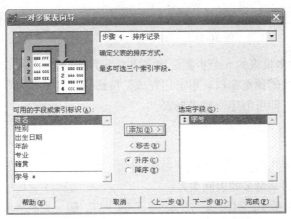

图 10-14　一对多报表向导　步骤 4

④ 在弹出的图 10-14 所示的"步骤 4 - 排序记录"对话框中，主要是确定父表中记录的排序字段。在本例中，以"学号"为排序字段且按升序排序。单击"下一步"按钮，进入步骤 5，如图 10-15 所示。

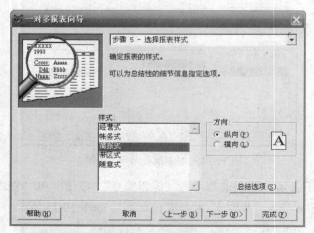

图 10-15　一对多报表向导　步骤 5

⑤ 在弹出的图 10-15 所示的"步骤 5 - 选择报表样式"对话框中，选择报表样式为"简报式"，打印方向为纵向。单击"下一步"按钮，弹出图 10-16 所示的"完成"对话框。在对话框"报表标题："文本框中输入标题"学生成绩报表"。

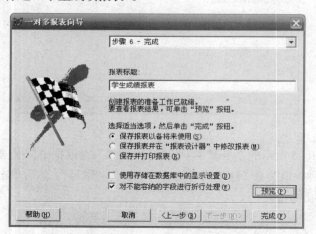

图 10-16　一对多报表向导　步骤 6

⑥ 至此，创建一对多报表的 6 个步骤全部完成。可单击"预览"按钮，在弹出预览界面中预览所建立的报表。最后关闭预览窗口，单击"完成"按钮，在"另存为"对话框中输入报表名："学生成绩表"。保存后，即可创建一对多报表。

四、实验分析

在实验中要注意以下几点。

（1）必须要有明确的一对多的表间关系。

（2）在一对多表间关系中，明确哪一方是"一"的一方，哪一方是"多"的一方，我们将"一"的一方确定为父表。

（3）理解在一对多表间关系中，是哪个字段的存在，确保一对多关系的存在。

（4）正确理解向导中的各个步骤之间的先后关系。

五、实验拓展

总结单一报表与一对多报表的区别。

综合练习

一、单选题

1. Visual FoxPro 6.0 的报表文件（.FRX）中保存的是（　　）。

　　A. 打印报表的预览格式　　　　　　　　B. 已经生成的完整报表

　　C. 报表的格式和数据源　　　　　　　　D. 报表设计格式的定义

2. 调用报表格式文件 PP，预览报表的命令是（　　）。

　　A. Report From PP Preview　　　　　　B. Do From PP Preview

　　C. Report Form PP Preview　　　　　　D. Do Form PP Preview

3. 要想在报表中每行打印多条记录的数据，可采用（　　）。

　　A. 列报表　　　　　B. 行报表　　　　　C. 一对多报表　　　　　D. 多栏报表

4. 利用报表向导定义报表时，定义报表布局的选项有（　　）。

　　A. 行数、方向、字段布局　　　　　　　B. 列数、行数、方向

　　C. 列数、方向、字段布局　　　　　　　D. 列数、行数、字段布局

5. 要在报表文件中添加一个由几个字段通过计算得出的计算列，则应该使用报表控件中的

（　　）控件。

　　A. 域　　　　　　　B. 标签　　　　　　C. 计算　　　　　　D. OLE

6. 要设计一个具有多栏的报表，可以使用（　　）功能。

　　A. "报表"菜单中的"数据分组"　　　　B. "页面设置"中的"列"数调整

　　C. "报表"菜单中的"多栏报表"　　　　D. "页面设置"中的"左列宽度"

7. 在报表中要求在每条记录信息的上端都显示其对应的字段标题，则应将这些字段标题设置在报表的（　　）带区中。

　　A. 细节　　　　　　B. 标题　　　　　　C. 页标头　　　　　D. 页注脚

8. 要控制报表中字段控件是否打印重复值，可设置其对应属性窗口中的（　　）。

　　A. 打印条件　　　　B. 计算　　　　　　C. 备注　　　　　　D. 域控件位置

9. 利用"快速报表"功能建立报表文件，下列说法中正确的是（　　）。

　　A. 可以直接建立一对多报表　　　　　　B. 应该首先建立一个空白的报表

　　C. 建立的报表文件的内容不能修改　　　D. 建立的报表文件的布局不能修改

10. 在 VFP 中，报表有以下 9 种带区。

① 标题　　② 页标头　　③ 列标头　　④ 组标头　　⑤ 细节

⑥ 组注脚　　⑦ 列注脚　　⑧ 页注脚　　⑨ 总结

在系统默认情况下创建报表时，"报表设计器"中显示的带区为：（　　）。

　　A. ①③④　　　　B. ②⑤⑧　　　　C. ⑥⑦⑨　　　　D. ①⑤⑨

二、多选题

1. 报表的数据源可以是（　　　）。

    A. 数据库表　　　　　　　B. 自由表　　　　　　　C. 其他报表

    D. 查询　　　　　　　　　E. 视图　　　　　　　　F. 临时表

2. 下列关于报表布局类型的叙述，正确的是（　　　）。

    A. 列报表，每个字段一列，每行一条记录

    B. 列报表，每个字段一列，每列一条记录

    C. 行报表，每个字段一行，字段与数据在同一行

    D. 一对多报表，按一对多关系显示表中的记录

    E. 多栏报表中，每条记录的字段沿分栏的左边缘竖直放置

3. 启动报表向导后，首先弹出"向导选取"对话框，该对话框中有（　　　）选择。

    A. 行报表向导　　　　　　B. 列报表向导　　　　　　C. 报表向导

    D. 多栏报表向导　　　　　E. 一对多报表向导

4. 下列关于报表带区及其操作的叙述，正确的是（　　　）。

    A. 首次启动报表设计器，报表中只包含两个基本带区

    B. 报表的每个带区的名称在带区下面标识栏上显示

    C. 一个报表中的带区类型是固定的，不可以增加和减少

    D. 带区的主要作用是控制数据在页面上的打印位置

    E. 在"报表设计器"窗口中带区的高度不可以调整

5. 下列关于报表带区及其作用的叙述，错误的是（　　　）。

    A. 系统仅打印一次"页标头"带区所包含的内容

    B. 系统只在报表开始时打印一次"标题"带区所包含的内容

    C. 对于"细节"带区，每条记录的内容只打印一次

    D. 系统将在数据分组时打印一次"组标头"带区的内容

    E. "总结"带区中，可以放置页码、日期等，每页打印一次

6. 报表的数据环境中存放报表的数据源，数据环境中可以添加的对象有（　　　）。

    A. 数据库　　　　　　　　B. 数据库表　　　　　　　C. 视图

    D. 图形文件　　　　　　　E. 声音文件

7. 在创建快速报表时，基本带区包括（　　　）。

    A. 标题　　　　　　　　　B. 页标头　　　　　　　　C. 页注脚

    D. 细节　　　　　　　　　E. 组标头　　　　　　　　F. 总结

8. 在"报表设计器"中，可以使用的报表控件有（　　　）。

    A. 标签　　　　　　　　　B. 命令按钮　　　　　　　C. 文本框

    D. 域控件　　　　　　　　E. 矩形

9. 利用报表的布局工具栏可以调整（　　　）。

    A. 报表控件的大小　　　　B. 报表控件的颜色　　　　C. 报表控件的显示格式

    D. 报表控件的相对位置　　E. 报表控件是否打印

10. 要在报表设计器中预览报表的打印结果，可以使用（　　　）。

    A. "报表"菜单中的"预览报表"项　　　　　B. "显示"菜单中的"预览"项

    C. "报表"菜单中的"运行报表"项　　　　　D. "常用"工具"打印预览"按钮

E.　在报表设计器窗口中直接双击报表的标题带区

11.　关于报表和标签的叙述，下列正确的说法有（　　　）。

　　A.　标签是一种特殊格式的报表　　　　　　B.　标签就是一种多级分组的报表

　　C.　可以利用报表设计器调整标签文件　　　D.　标签和报表的修改方法相同

　　E.　标签文件也可以使用 Report Form 命令调用

12.　在 VFP 6.0 中，（　　　）文件不能用 Do 命令调用。

　　A.　MPR　　　　　　　　B.　FRX　　　　　　　　C.　PRG

　　D.　QPR　　　　　　　　E.　LBX　　　　　　　　F.　DBC

三、填空题

1.　设计报表时，可以采用_____、_____、_____和_____ 4 种类型报表的布局格式。

2.　启动报表向导后，弹出"向导选取"对话框。如果设计报表的数据源是一个表，则选取_____；如果设计报表的数据源包括父表和子表，则应该选取_____。

3.　用报表向导创建报表时，最多可以选定_____个字段作为报表数据的排序关键字。

4.　打开报表设计器修改已有报表文件的命令是_____ Report。

5.　一个报表有若干区域，每一区域被称为报表的一个_____。

6.　在默认情况下，报表设计器显示有_____带区、_____带区和_____带区。

7.　报表文件的扩展名为_____，标签文件的扩展名为_____。

8.　报表由_____和_____两个基本部分组成。

9.　在 VFP 6.0 中要快速建立一个简单格式的报表，可以使用的工具有_____和_____。

10.　若在报表中插入一个文字说明，应该插入_____控件;若打印当前时间,应该插入_____控件。

11.　在 VFP 6.0 中使用_____ Form<报表文件名>To_____命令打印报表。如果要将报表文件的结果存放在一个文本文件中，应该使用的参数是_____。

12.　在数据分组时，数据源应根据分组的表达式创建索引，且在报表的数据环境中设置表的_____属性。

13.　对报表进行数据分组，报表会自动添加_____和_____带区。

14.　要在报表中每行打印多条记录，可以采用_____报表。

15.　利用报表_____功能，不打印报表就可以看到报表的外观。

综合练习及实验拓展参考答案

第一章

一、单选题

1. C 2. A 3. C 4. C 5. B 6. A 7. A 8. D 9. B 10. B
11. C 12. B 13. A 14. B 15. A 16. D 17. C 18. A 19. C 20. D
21. A 22. B 23. C 24. D 25. B

二、填空题

1. 载体 2. 文件管理 3. 数据库管理系统 4. 二维表 5. 选择 6. 记录 7. 关系
8. DBS 9. 冗余度 10. 元数据 11. 完整性规则 12. 信息的载体 13. 层次模型 网状模型 关系模型

三、简答题

1. 答：数据库是在数据库管理系统的集中控制之下，按一定的组织方式存储起来的、相互关联的数据集合。

数据库管理系统（Database Management System，DBMS）是对数据进行统一的控制和管理，从而可以有效地减少数据冗余，实现数据共享，解决数据独立性问题，并提供统一的安全性、完整性和并发控制功能的系统软件。

数据库系统是把有关计算机硬件、软件、数据和人员组合起来为用户提供信息服务的系统。

2. 答：特点是数据共享，减少数据冗余，具有较高的数据独立性，增强了数据安全性和完整性保护。

3. 答：（1）一对一联系（1：1），例如，一所学校只有一个校长，一个校长只在一所学校任职，校长与学校之间的联系是一对一的联系。

（2）一对多联系（1：n），例如，一所学校有许多学生，但一个学生只能就读于一所学校，所以学校和学生之间的联系是一对多的联系。

（3）多对多联系（m：n），例如，一个读者可以借阅多种图书，任何一种图书可以为多个读者借阅，所以读者和图书之间的联系是多对多的联系。

4. 答：在数据库系统中，常用的数据模型有层次模型、网状模型和关系模型 3 种。Visual FoxPro 是一种基于关系模型的关系数据库管理系统。

第二章

一、单选题

1. C 2. C 3. C 4. B 5. B 6. A 7. C 8. D 9. D 10. A
11. B 12. C 13. D 14. C 15. D 16. B 17. B 18. A 19. A 20. D
21. B 22. A 23. B 24. C 25. A 26. B 27. C 28. D 29. C 30. B

31. A   32. A   33. C   34. D   35. A   36. C   37. C   38. D   39. C   40. D

41. D   42. B   43. C   44. D   45. C

二、填空题

1. ;   2. SET ESCAPE OFF/ON   3. .pjx 和.pjt

4. 字符型常量、数值型常量、日期常量和日期时间型常量、逻辑常量及货币型常量

5. 8   6. 1234.568   7. 字符型

8. 用宏替换函数中字符串变量的值替换宏替换函数   9. 两个日期之间相隔的天数

10. SUBS(S,13,12)+LEFT(S,8)+SUBS(S,25,4)+SUBS(S,9,4)+RIGHT(S,2)   11. 数值型

12. D 123.46   13. 10   14. 窗口   15. 20   16. N   17. 16.00

18. 00:00:00AM-11:59:59PM   19. $ 20. M.(或 M->)   21. 1   22. L

23. .F.   24. .F.   25. 4   26. 123.45   27. 254   28. 109.870

29. .T.

实验二：实验拓展

1. 求出下列表达式的值

（1）.T   （2）.F.   （3）353.00   （4）.F.   （5）.T.   （6）.T.   （7）223.2232   （8）2015/09/09

2. 求出下列表达式的值

（1）03/28/01   （2）April   （3）D   （4）8   （5）N

第三章

一、单选题

1. D   2. D   3. C   4. C   5. C   6. A   7. A   8. D   9. A   10. A

11. A   12. C   13. A   14. A   15. C   16. D   17. D   18. B   19. D   20. B

二、填空题

1. 4、6   2. 101   3. T、T   4. Ctrl+Y、"追加新记录"   5. Ctrl+Home

三、操作题

1.

（1）display record 5

（2）go 3

display next 5

（3）display for recno()>=3 and recno()<=5

（4）List 货号,品名,生产单位 for 数量<5

（5）Display for 是否进口 or year(订货日期)=1995

（6）Display for 生产单位="上海"

（7）Display for 是否进口 and 单价>4000 or ! 是否进口 and 单价>5000

（8）Display 货号,品名, 单价*0.9,开单日期 for year(订货日期)=1995

（9）Go 3

display rest for !是否进口

（10）Display for right(货号,3)=" 120"

（11）Display for left(货号,1)= "L" OR SUBSTR(货号,2,1)= "V"

（12）Display for "公司"$生产单位　AND　单价>3000

（13）Copy structure to SP1; use sp1; list structure

（14）Copy structure to SP2 fields　货号,品名,单价,数量

（15）Copy to sp3

（16）Copy to SP4 fields　货号,品名,单价,数量

（17）Go 2

Copy to SP5 next 5 for　是否进口　and　单价>=3000

（18）Copy to SP6 fo year(订货日期)>=1996

（19）Replace　生产单位　with "松下电器" for　生产单位= "松下电器公司"

（20）Replace all　货号　with left(货号,3)+str(val(right(货号,3))+6,3)

（21）Delete for recno()= 3 or　recno() =7

实验一：实验拓展

1. 利用表设计器设置数据表的表结构（见图 3-1）。

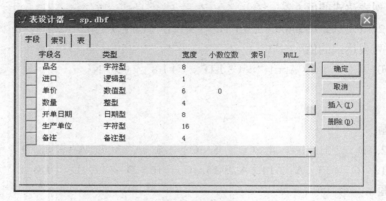

图 3-1　表结构设置

2. 输入数据内容（见图 3-2）。

货号	品名	进口	单价	数量	开单日期	生产单位	备注
LX-750	影碟机	T	5900	4	08/10/96	松下电器公司	memo
YU-120	彩电	F	6700	4	10/10/96	上海电视机厂	memo
AX-120	音响	T	3100	5	11/10/95	日立电器公司	memo
DV-430	影碟机	T	2680	3	09/30/96	三星公司	Memo
FZ-901	取暖机	F	318	6	09/05/96	中国富利电器厂	memo
LB-750	音响	T	4700	8	12/30/95	松下电器公司	memo
SY-701	电饭锅	F	258	10	08/19/96	上海电器厂	Memo
NV-920	录放机	T	1750	6	07/20/96	先锋电器公司	memo

图 3-2　表记录的输入

实验二：实验拓展

1. 略。

2. 打开数据表，选择"表"菜单的"替换字段"选项，按照图 3-3 进行设置。

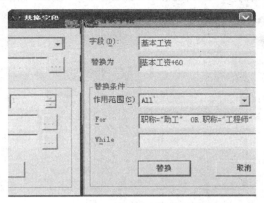

图 3-3　替换字段的设置

或者在命令窗口敲入：

Replace 基本工资 with 基本工资+60 for 职称='助工' or 职称='工程师'

实验三：实验拓展

1. Sort on str(年龄,2)+职称 to 职工档案排序。

2. 利用表设计器进行索引设置，操作结果如图 3-4 所示。

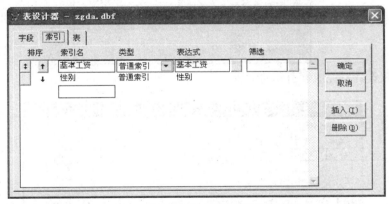

图 3-4　结构索引文件的索引项设置

3. Index on str(基本工资,4)+职称 to gznl

第四章

一、单选题

1. D　　2. A　　3. A　　4. D　　5. B　　6. C　　7. C　　8. D　　9. C　　10. B

11. C　　12. B　　13. B　　14. B　　15. C　　16. A　　17. C　　18. A　　19. D　　20. B

二、操作题

1.（1）单击应发工资单元格，选择"表"菜单下的"替换字段"选项。

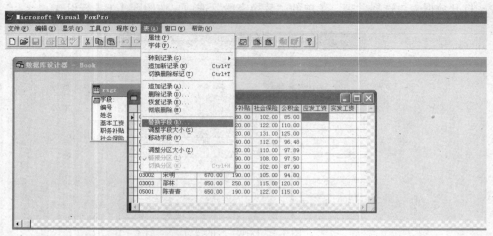

按照下图所示进行设置，再进行替换。

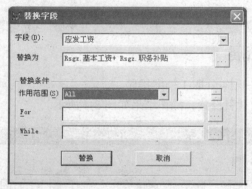

（2）利用表设计器完成索引项的设置。

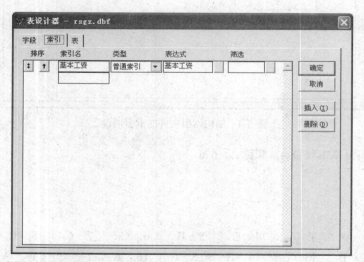

2.（1）利用表设计器完成索引项的设置

（2）在 Authors 表的主索引与 Books 表的"作者编号"普通索引之间建立永久关联。

3.（1）打开"客户"表的表设计器，选择"性别"字段，在"字段有效性"的"规则"文本框内输入：性别="男" OR 性别="女"。

（2）利用表设计器完成索引项的设置。

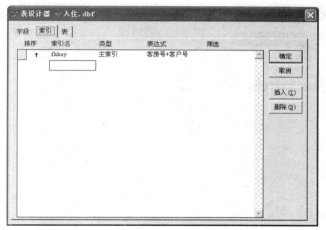

（3）为"入住"表的"客户号"和"客房号"两个字段建立普通索引，为"客房"表的"类型号"字段建立普通索引。分别在两表之间建立永久联系。

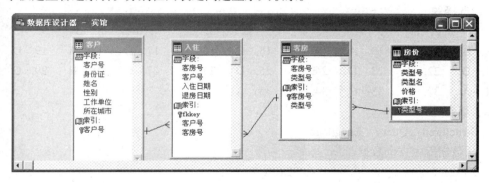

实验一：实验拓展

（1）为 course 表的"课程编号"字段建立主索引，并为 score 表的"课程编号"字段建立普通索引，再建立两表间的永久关系。

（2）打开 course 表，选择"表"菜单的"替换字段"选项，进行数据替换。

实验二：实验拓展

本题建立 3 个数据表比较合适，分别是普通员工个人信息表 pyygxx、员工宿舍安排表 ygss 和部门经理信息表 jlxx。

对于多表问题，应该两两建立表间关系，建立关系如下。

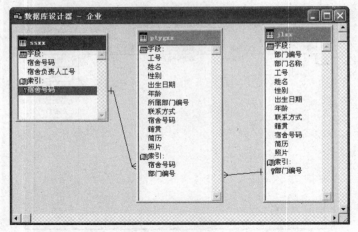

第五章

一、选择题

1. B   2. B   3. A   4. C   5. B   6. C   7. B   8. B   9. A   10. D

11. B   12. C   13. A   14. B   15. C   16. B   17. D   18. A   19. D   20. A

21. D   22. A   23. D   24. D   25. D   26. A   27. C   28. B   29. C   30. D

31. A   32. B   33. C   34. D   35. A

二、填空题

1. Structured   Query   Language

2. 从数据库中查询数据

3. INSERT   SELECT

4. DELETE   DROP   TABLE

5. ALTER   TABLE   UPDATE

6. INTO   DBF

7. ORDER   BY   GROUP   BY

8. 降序   升序

9. Having

10. UNION

11. GROUP BY

12. DISTINCT

13. LIKE

14. PRIMARY KEY

15. COUNT

16. NULL

17. AVG()   COUNT()   SUM()   MAX()   MIN()

18. NOT NULL PRIMARY KEY

19. 姓名 is NULL

20. ORDER BY

三、写 SQL 语句

1. 图书管理数据库操作

（1）CREATE DATABASE 图书管理

CREATE TABLE STUDENT(学号 C(6), 姓名 C(8),

性别 C(2), 出生日期 D, 年龄 I, 班级 C(8))

（2）INSERT INTO STUDENT VALUES("120101","张三","男",{^1990/02/03},23,"会计")

（3）UPDATE STUDENT SET 出生日期={^1993/04/18},年龄=20 WHERE 姓名="张三"

（4）DELETE WHERE 性别="女"

PACK

（5）SELECT * FROM STUDENT WHERE 班级="会计"

（6）SELECT * FROM STUDENT WHERE 年龄 BETWEEN 19 AND 22

（7）SELECT * FROM BORROW WHERE 借书日期<{^2013/01/01};

　　　ORDER BY 班级 INTO TABLE 催还图书名单

（8）SELECT 班级,COUNT(*) AS 人数;

FROM STUDENT GROUP BY 班级

2. 学生成绩数据库操作

（1）SELECT 姓名;

FROM 学生;

WHERE 性别="男" AND YEAR(生日) < YEAR(DATE()) – 20

（2）SELECT COUNT(学号);

FROM 学生;

WHERE YEAR(生日) > YEAR(DATE()) – 20

（3）SELECT AVG(成绩), MAX(成绩), MIN(成绩);

FROM 成绩;

GROUP BY 学号

（4）SELECT 课程名称, COUNT(学号) AS 选修人数;

FROM 课程, 成绩;

WHERE 课程.课程编号 = 成绩.课程编号 AND 开课院系 = "计算机学院"

（5）SELECT 姓名, 成绩;

FROM 学生, 成绩, 课程;

WHERE 课程.课程编号=成绩.课程编号 AND 学生.学号=成绩.学号;

AND 课程名称="FOXPRO" AND 性别="女"

3. 商品销售数据库操作

SELECT 商品名称,SUM(销售数量) AS 销量,SUM(销售数量×销售价) AS 销售总额;

FROM 商品，销售;

WHERE 商品.商品编号=销售.商品编号 AND 销售日期={^2000/5/20};

GROUP BY 商品名称;

ORDER BY 销售量 。

四、操作题

操作提示：

1. 项目"学生管理"的建立可用项目管理器；数据库"学生"的创建可以使用数据库设计器；在"学生"数据库中建立"学生基本情况表"、"成绩表"和"科目表"，可以使用表设计器，也可以使用 SQL 命令 create table。

2. 建议使用数据库设计器给"学生基本情况表"和"成绩表"按"学号"建立永久联系，给"科目表"和"成绩表"按"科目代号"建立永久联系，当然也可以使用 SQL 命令 alter table；给三张表输入适当数据可以使用 SQL 命令 insert，也可以使用浏览窗口。

3. 建立视图 SVIEW，可以使用视图设计器，也可以 SQL 命令 create view。

4. 可以使用查询设计器完成，也可以用 SQL 命令 select 等直接完成。

5. 可以使用查询设计器完成，也可以用 SQL 命令 select 等直接完成。

6. 可以使用查询设计器完成，也可以用 SQL 命令 select 等直接完成。

7. 可以使用查询设计器完成，也可以用 SQL 命令 select 等直接完成。

8. 可以使用查询设计器完成，也可以用 SQL 命令 select 等直接完成。

9. 可以使用查询设计器完成，也可以用 SQL 命令 select 等直接完成。

10. 可以使用表设计器完成，也可以用 SQL 命令 alter table 等完成。

11. 可以使用表设计器完成，也可以用 SQL 命令 alter table 等完成。

第六章

一、单选题

1. D   2. B   3. C   4. B   5. A   6. C   7. B   8. A   9. A   10. C

二、填空题

1. QPR   2. 永久性   3. 自由表   4. 更新条件   5. 本地视图　远程视图

6. 发送 SQL 更新   7. order by   8. 不能　能

三、简答题

1. 利用视图设计器创建视图的基本步骤为：（1）打开"视图设计器"窗口；（2）指定要添加的数据库表或者视图；（3）选择出现在视图结果中的字段；（4）设置筛选条件；（5）设置排序或分组来组织视图结果；（6）选择可更新的字段；（7）保存视图文件；（8）浏览视图。

2. 查询去向共 7 种，分别为：浏览、临时表、表、图形、屏幕、报表和标签。其中，选择屏幕按钮，可以在主窗口中显示查询结果，也可以指定输出到打印机或文本文件。

3. 相对于数据表而言，使用视图具有以下一些优点。（1）简单性。看到的就是需要的，视图不仅可以简化用户对数据的理解，也可以简化他们的操作，用户可以根据需要设定视图，以后不用每次都去指定条件，只要调用视图即可；（2）安全性。通过视图，用户只能查询和修改他们所能见到的数据，而无法看到数据库中的其他数据，较好地满足了不同权限用户的需求，并防止非权限数据被篡改；（3）逻辑数据独立性。视图可以帮助用户屏蔽真实表结构变化带来的影响。

4.（1）视图和查询的相同之处：都可以实现提取用户所需要数据的功能；设计器界面十分相似，上半窗格显示数据源，下半窗格都有字段、联接和筛选等选项卡。（2）视图和查询区别之处：视图是在一个或多个数据库表的基础上创建的一种虚拟表，只是保存在数据库中的一个数据定义，只有在数据库打开的情况下，才能在数据库设计器中对其进行浏览和修改，而查询创建后，会产生一个保存在磁盘上的扩展名为.QPR 的查询文件，这个查询文件完全独立，它不依赖数据库的存在而存在，并且用户可在未打开有关数据库或数据表的情况下运行查询文件；通过视图不仅可以查看数据还可以更新数据库表中的数据，而查询一经创建，就独立于原始数据库数据，不会影响原表记录；视图只有浏览窗口一种方式对结果进行查看，而查询去向可以有浏览、临时表、表、图形、屏幕、报表和标签七种方式。

5. 打开学生数据库，新建视图，添加表 student 和表 score，默认联接，选定字段为 student.学号，student.姓名，student.专业，score.成绩；筛选为：score.成绩>=80；排序依据为：score.成绩降序；保存为 new_view；在数据库窗口中可以通过鼠标右键单击视图浏览结果。

6. 设置默认目录，新建查询文件，添加 student 表，在"字段"选项卡中，添加姓名字段，在下方"函数和表达式"中添加 2014-year(出生日期) as 年龄，添加到选定字段；在"筛选"选项卡中，输入 student.性别="女"；在查询去向中，选择"表"，输入表名为 new_table1；保存查询为 myquery.qpr，运行查询后便可在默认目录中生成 new_table1 文件。

7. 步骤如下：（1）新建查询，添加表 student 和表 score，默认联接；（2）在"字段"选项卡中，在可用字段中选择 student.性别，在函数和表达式中，分别输入 AVG(Score.成绩) AS 平均成绩，MAX(Score.成绩) AS 最高成绩，MIN(Score.成绩) AS 最低成绩，如下图所示。

（3）在"排序依据"选项卡中，按照 student.性别降序排列；（4）在"分组依据"选项卡中，设置 student.性别为分组字段；（5）保存为"学生成绩统计.QPR"，并运行查询。

实验一：实验拓展

在学生数据库中，提取学号、姓名、课程编号和课程名称 4 个字段，筛选性别为"女"的学生信息，并以学号降序进行排序，保存为"女生选课视图"并浏览。

参考操作步骤如下。

① 打开学生数据库，新建视图，添加 student 表、score 表和 course 表，默认两两建立关于共同字段的内部联接。

② 选定字段为 student.学号、student.姓名、score.课程编号和 course.课程名称。

③ 在"筛选"选项卡中，设置筛选条件为：student.性别="女"。

④ 在"排序依据"选项卡中，设置排序条件为：student.学号降序。

⑤ 保存，输入视图名为"女生选课视图"，在学生数据库中双击此视图进行浏览。结果如下图所示。

学号	姓名	课程编号	课程名称
200912121002	唐糖	100101	企业管理
200912121002	唐糖	100102	西方经济学
200912121002	唐糖	200101	大学语文
200912121002	唐糖	100103	财务会计
200912111003	赵嫒嫒	100101	企业管理
200912111003	赵嫒嫒	100102	西方经济学
200912111003	赵嫒嫒	200101	大学语文
200912111003	赵嫒嫒	100103	财务会计
200912111002	吴莉莉	100101	企业管理
200912111002	吴莉莉	100102	西方经济学
200912111002	吴莉莉	200101	大学语文
200912111002	吴莉莉	100103	财务会计

实验二：实验拓展

（1）查询所有金融专业学生的姓名和课程名称及成绩。

选择姓名、专业、课程名、成绩作为显示字段，筛选金融专业，以姓名作为排序依据，保证同一个学生的记录在一起显示，结果放在表 tem 中。

参考操作步骤如下。

① 新建查询，添加 student 表、score 表和 course 表，默认两两建立关于共同字段的内部联接。

② 选定字段为 student.姓名、student.专业、course.课程名称和 score.成绩。

③ 在"筛选"选项卡中，设置筛选条件为：student.专业="金融"。

④ 在"排序依据"选项卡中，设置排序条件为：student.姓名升序。

⑤ 查询去向中选择"表"，输入"tem"。

⑥ 保存查询并运行，打开 tem 表文件，结果如下图所示。

姓名	专业	课程名称	成绩
刘志刚	金融	企业管理	80.00
刘志刚	金融	西方经济学	76.00
刘志刚	金融	大学语文	75.00
刘志刚	金融	财务会计	68.00
唐糖	金融	企业管理	82.00
唐糖	金融	西方经济学	78.00
唐糖	金融	大学语文	87.00
唐糖	金融	财务会计	72.00
田纪	金融	企业管理	70.00
田纪	金融	西方经济学	61.00
田纪	金融	大学语文	71.00
田纪	金融	财务会计	86.00

（2）建立查询文件"成绩查询.QPR"，计算金融专业学生的平均成绩。

参考操作步骤如下。

① 新建查询，添加表 student 和表 score，默认联接。

② 在"字段"选项卡中，在可用字段中选择 student.专业，在函数和表达式中，输入 AVG(Score.成绩) AS 平均成绩。

③ 在"筛选"选项卡中，设置筛选条件为：student.专业="金融"。

④ 在"分组依据"选项卡中，设置分组字段为 student.专业。

⑤ 保存为"成绩查询.QPR"，并运行查询。

第七章

一、单选题

1.C　　2.A　　3.D　　4.B　　5.D　　6.C

二、填空题

1. ① .NOT.EOF()　　② >10.AND.数量<50　　③ SKIP

2. ① LIST　NEXT 5　　② SKIP -3

3. ① USE　STUDENT　② XINGMING　③ ENDIF

4. ① 1 到 10 的累加和　　② Y= 55

5. ① UPPER(P)=='Y'　　② 　REPLACE　ALL 水电费　WITH　0

三、简答题

1. 答：传统程序设计分 3 种基本结构控制程序流程，它们分别为：顺序结构、分支结构和循环结构。顺序程序结构是最基本、最常见的程序结构形式。这种程序结构将严格按程序中各条语句的先后顺序依次执行。分支程序结构通常都带有一些设定的条件和几组不同的操作，根据判断这些条件的成立与否来决定程序的流向，从而达到控制执行不同操作的目的。循环程序结构就是在一定条件下反复执行一组特定的操作。

2. 答：循环体中若有 EXIT 语句，当执行到该语句时，将强行退出循环直接转去执行 ENDDO 后的语句；LOOP 语句又称为循环短路语句，当执行到 LOOP 语句时（如果有的话），立刻返回循环开始语句，判断<条件表达式>是否成立，以决定是执行循环体还是结束循环。EXIT 语句或 LOOP 语句通常和循环体中的分支结构语句一起使用。

3. 答：结构化程序设计采用的是"自顶向下、逐步求精"的模块化设计的方法。所谓模块化设计是指把一个大而复杂的任务分解成若干个子功能的小任务来完成。这样做的好处是简化了系统开发的复杂度，提高了程序的可读性、可维护性和可扩展性。通过将系统模块化，便于系统开发时程序员之间的分工和协作，大大提高了系统开发的效率。

4. 答：Visual FoxPro 中按作用域的不同，内存变量分为全局变量、局部变量和私有变量 3 类。在任何模块中都可以使用的变量称为全局变量，也称作公共变量。全局变量要先建立后使用，即先声明和定义一个全局变量然后才可以使用它。程序中直接通过赋值语句定义的内存变量都是局部变量，局部变量只在定义它的模块及其下属模块中有效，当建立它的模块运行结束时，局部变量自动清除。只能在建立它的程序模块中使用的变量称为私有变量，私有变量在其上层或下层程序模块中均不能使用。

四、编程题

1.
```
SET  TALK OFF
CLEAR
INPUT  "请输入年份: " TO  YEAR
IF MOD(YEAR,4)<>0
   ?  "不是闰年"
ELSE
   IF  MOD(YEAR,100)<>0
     ? "是闰年"
   ELSE
     IF MOD(YEAR,400)<>0
?  "不是闰年"
     ELSE
? "是闰年"
       ENDIF
     ENDIF
   ENDIF
SET TALK ON
RETURN
```

2.
```
SET TALK OFF
CLEAR
S=0
FOR I=2 TO 100 STEP 2
```

```
      S=S+I
NEXT
? "S= ",S
SET TALK ON
RETURN
```

3.

```
SET TALK OFF
CLEAR
USE  STUDENT
INDEX ON 专业代码 TAG ZYDM
GO TOP
ZY=专业代码
X=0
Y=""
SACN
  IF ZY=专业代码
     X=X+1
     DO XUHAO WITH X,Y
     XH="2015"+专业代码+Y
  ELSE
ZY=专业代码
X=1
DO XUHAO WITH X,Y
XH="2015"+专业代码+Y
     ENDIF
     REPLACE 学号 WITH  XH
ENDSCAN
USE
SET TALK ON
RETURN
PROCEDURE XUHAO
PARA A,B
C=ALLTRIM(STR(A,3))
L=LEN(C)
  DO CASE
    CASE L=1
       B="00"+C
    CASE L=2
       B="0"+C
    OTHERWISE
       B=C
  ENDCASE
RETURN
```

4.

```
SET TALK OFF
CLEAR
USE  STUDENT
ACCEPT "请输入学生姓名"  TO NAME
LOCATE FOR 姓名=NAME
IF FOUND()
    ? 姓名,学号,入学成绩,专业代码
ELSE
```

```
   ?  "没有该学生"
      ENDIF
USE
SET TALK ON
RETURN
```

5.

```
SET TALK OFF
CLEAR
USE  STUDENT
STORE 0 TO N,S
SCAN
   X=YEAR(DATE())-YEAR(出生日期)
   S=S+X
   N=N+1
ENDSCAN
S=S/N
?  "平均年龄为：",S
USE
SET TALK ON
RETURN
```

6.

```
SET TALK OFF
CLEAR
USE  STUDENT
INDEX ON 入学成绩 TAG CHJ
GO TOP
FOR I=1 TO 3
   ? "第",STR(I,1)，"名"
DISP 姓名,性别,入学成绩
   SKIP
NEXT
USE
SET TALK ON
RETURN
```

7.

```
SET TALK OFF
CLEAR
USE  SCORE
SCAN
   IF 语文<60
      ?学号，"语文",语文
   ENDIF
   IF 数学<60
      ?学号，"数学",数学
   ENDIF
IF 英语<60
      ?学号，"英语",英语
   ENDIF
ENDSCAN
USE
SET TALK ON
RETURN
```

8.

```
SET TALK OFF
CLEAR
USE  SCORE
SCAN
    SUM=语文+数学+英语
    IF SUM>=240
        ? 学号,SUM
    ENDIF
ENDSCAN
USE
SET TALK ON
RETURN
```

实验一：实验拓展

1.

```
SET  TALK  OFF
CLEAR
INPUT  "请输入华氏温度"  TO F
C=(F-32)/1.8
? "对应摄氏温度为：",C
SET TALK ON
RETURN
```

2.

```
SET  TALK  OFF
CLEAR
INPUT  "请输入任意整数"  TO N
IF  INT(N/3)*3=N
  ? "该数可以被整除"
ELSE
  ? "该数不能被 3 整除"
ENDIF
SET TALK ON
RETURN
```

3.

```
SET  TALK  OFF
CLEAR
ACCEPT "请输入学号" TO 学号
ACCEPT "姓名" TO 姓名
ACCEPT "性别" TO 性别
INPUT  "出生日期"  TO 出生日期
年龄=year(date())-year(出生日期)
ACCEPT "专业" TO 专业
ACCEPT "籍贯" TO 籍贯
INSERT  INTO STUDENT FROM  MEMVAR
SET TALK ON
RETURN
```

4.

```
SET  TALK  OFF
```

```
CLEAR
USE SCORE
ACCEPT "请输入学号" TO XH
LOCATE FOR 学号=XH
IF  FOUND()
   ? "该同学有选课成绩！"
ELSE
   ? "该同学没有选课成绩！"
ENDIF
SET TALK ON
RETURN
```

实验二：实验拓展

```
SET  TALK  OFF
CLEAR
INPUT "请输入1个数" TO X
STORE X TO M1,M2
S=X
FOR I=2 TO 10
INPUT "请输入1个数" TO X
  IF X>M2
    M2=X
  ELSE
    IF X<M1
      M1=X
    ENDIF
  ENDIF
  S=S+X
NEXT
AVG=(S-M1-M2)/8
? "平均：", AVG
SET TALK ON RETURN
```

2.

```
SET  TALK  OFF
CLEAR
USE SCORE
INDEX ON 学号 TAG XH
GO TOP
M=0
XXH=学号
SCAN
  IF 学号=XXH
    M=M+1
  ELSE
    IF M<2
     ? XXH
      XXH=学号
      M=1
    ENDIF
  ENDIF
ENDSCAN
USE
```

```
SET TALK ON
RETURN
```

3.

```
SET  TALK  OFF
CLEAR
INPUT "请输入 X 的值" TO X
INPUT "请输入 N 的值" TO N
IF N>1
    S=X
    FOR  I=2  TO  N
      S=(S+1)*X
    ENDFOR
ENDIF
? "S=", S
SET TALK ON
RETURN
```

实验三：实验拓展

```
SET TALK OFF
CLEAR
INPUT "请输入任意一个 5 位数" TO X
? "对应汉字数字: "
X2=0
FOR I=1 TO 5
  X1=INT(X/10000)
  DO CHANG WITH X1,X2
  ?? X2
  X=(X-X1*10000)*10
NEXT
SET TALK ON
RETURN
PROCEDURE CHANG
PARA A1,A2
DO CASE
    CASE A1=0
        A2="零"
    CASE A1=1
        A2="壹"
    CASE A1=2
        A2="贰"
    CASE A1=3
        A2="叁"
    CASE A1=4
        A2="肆"
    CASE A1=5
        A2="伍"
    CASE A1=6
        A2="陆"
    CASE A1=7
        A2="柒"
    CASE A1=8
        A2="捌"
```

```
  CASE A1=9
     A2="玖"
     ENDCASE
RETURN
```

第八章

一、单选题

1. C   2. A 3. B   4. C   5. C   6. D   7. B   8. C   9. B   10. B

11. B   12. D 13. D   14. A   15. C   16. A   17. C   18. B   19. A   20. B

21. A   22. C 23. C   24. D   25. A   26. B   27. D   28. B   29. B   30. D

31. C   32. D 33. A   34. D   35. D   36. A   37. C   38. D   39. C   40. D

二、判断题

1. 正确   2. 正确   3. 正确   4. 错误   5. 错误   6. 正确   7. 错误   8. 正确

9. 正确   10. 正确   11. 正确   12. 正确   13. 正确   14. 正确   15. 正确

三、操作题

1. 参考操作步骤如下。

先设置文本框的类型为数值。

计算按钮 Click 事件如下。

```
T=0
For i=1 to thisform.text1.value step 2
   T=T+i
Endfor
Thisform.label2.caption=str(t,10)
```

2. 参考操作步骤如下。

edit1 的 init 事件如下。

```
Thisform.edit1.value=" This is a example"
```

"查找"按钮 Click 事件如下。

```
s=thisform.edit1.value
p=at("example",s)
if p>0
   thisform,edit1.selstart=p-1
   thisform.edit1.sellength=len("example")
   thisform.edit1.setfocus
endif
```

"替换"按钮 Click 事件如下。

```
p=at("example",thisform.edit1.value)
```

Thisform.edit1.value=stuff(thisform.edit1.value,p,len("example"),"exercise")

3. 参考操作步骤如下。

先设置文本框的类型为数值。

计算按钮 Click 事件如下。

```
a=0
For s=100 to thisform.text1.value
   i=int(s/100)
   j=int((s-i*100)/10)
   k=s-i*100-j*10
   If s=i^3+j^3+k^3
      a=a+1
```

```
Endif
Endfor
Thisform.label2.caption=str(a,10)
```

4. 参考操作步骤如下。

"统计"按钮的 Click 事件如下。

```
if thisform.check1.value=1
select count(*) as nan from student where 性别="男生" into cursor q1
thisform.text1.value=nan
endif
if thisform.check2.value=2
select count(*) as nv from rsda1 where 职称="副教授" into cursor q2
thisform.text1.value=nv
endif
```

实验二：实验拓展

（1）参考操作步骤如下。

① 打开表单设计器，添加所需的控件。

② 按照下表设置部分控件属性，未列出的属性参照之前的题目设置。

控件名称	属性名	设置值
Timer1	Enabled	.f.
	Interval	1000
Text1	Value	0

③ 输入代码。

命令按钮组 Command Group1，在它的 Click 事件输入如下代码。

```
Do Case
    Case this.value=1
      Thisform.timer1.enabled=.t.

    Case this.value=2
      Thisform.timer1.enabled=.f.
    Case this.value=3
      thisform.text1.value=0
 Case this.value=4
      Thisform.release
EndCase
Thisform.refresh
```

④ 表单运行后，其效果如下图所示。

（2）参考操作步骤：

先设置文本框的类型为数值。

"输出"按钮的 Click 事件代码如下。

```
a=thisform.text1.value
Do Case
    Case a<0
        Thisform.label1.caption='输入错误'
    Case a<60
        Thisform.label1.caption='不及格'
    Case a<70
        Thisform.label1.caption='及格'
    Case a<90
        Thisform.label1.caption='良好'
    Case a<=100
        Thisform.label1.caption='优秀'
    Otherwise
        Thisform.label1.caption='输入错误'
EndCase
```

第九章

一、单选题

1. B   2. D   3. D   4. B   5. B   6. B   7. C   8. D   9. A   10. A
11. C   12. B   13. A   14. A   15. B   16. D   17. D   18. C   19. B

二、填空题

1. 顶层表单   2. 条形   3. 菜单栏   4. .T.   5. 预览   6. 菜单标题、菜单项

7. DO FORM <表单文件名>   8. 菜单名称   9. report from myReport   preview

三、操作题

1. 参考操作步骤如下。

① 新建菜单，打开菜单设计器，单击菜单中的"菜单"，选择"快速菜单"，在菜单设计器中选中"帮助"，在右侧单击插入按钮，插入新菜单，输入"订单统计"，在结果中选择"子菜单"。

② 在子菜单中输入"统计"和"返回"两个菜单项。

"返回"菜单结果选择命令，输入 set sysmenu to default。

"统计"菜单项的过程代码为：

```
select year(orders.签订日期) as 年份, month(orders.签订日期) as 月份, sum(金额) as 合计;
from orders group by 1, 2 having(coun(*)>0) order by 1 desc,2 into table table1
```

③ 设置完菜单设计器后，单击菜单中的"菜单"，选择"生成"选项，生成菜单程序文件（注意菜单程序文件的扩展名为.mpr）。

2. 参考操作步骤如下。

在"平均"菜单中的结果处选择命令，输入：

```
SELECT 课程名,AVG(成绩) as 平均成绩;
 FROM  course INNER JOIN score ;
   ON  Course.课程号 = Score.课程号;
 GROUP BY Course.课程号;
 ORDER BY Course.课程名;
 INTO TABLE table2.dbf
```

在"退出"菜单结果处选择命令，输入：

```
set sysmenu to default
```

第十章

一、单选题

1. C   2. C   3. D   4. C   5. A   6. B   7. C   8. A   9. B.   10. B

二、多选题

1. ABDE   2. ACDE   3. CE   4. BD   5. AE   6. BC   7. BCD   8. ADE

9. AD   10. BD   11. AD   12. BEF

三、填空题

1. 列报表、行报表、一对多报表、多栏报表   2. 报表向导 一对多报表向导

3. 3   4. Modify   5. 带区   6. 页标头、细节、页注脚   7. FRX   LBX

8. 数据源、数据布局   9. 报表向导、快速报表   10. 标签、域控件

11. Report、Printer、To File   12. Order   13. 组标头、组注脚

14. 多栏   15. 预览

二级考试实训指南

【第1题】

建立一个文件名和表单名均为 Myform1 的表单，表单标题为"数学运算"。表单上的控件名称均取默认名称。程序的要求如下。

（1）表单上有 3 个标签控件，标题分别为："操作数 1""操作数 2"和"运算结果"。

（2）表单上有 3 个文本框，文本框 Text3 初始状态为只读。

（3）表单上有 1 个选项按钮组，包括 4 个按钮的标题依次为"+""-""*"和"/"。

（4）程序运行后，在文本框 Text1、Text2 中分别输入两个值，在选项按钮中选择一个运算符后，此时文本框 Text3 变为非只读状态，同时在 Text3 中显示相应的运算结果。

（5）表单上有 1 个标题为"退出"的命令按钮，程序运行时，单击"退出"按钮，关闭表单。

操作提示：

第一步：界面设计

新建表单文件，打开表单设计器，保存表单文件，文件名为 Myform1。

在表单上添加 3 个标签（Label1、Label2 和 Label3），3 个文本框（Text1、Text2 和 Text3），1 个选项按钮组 OptionGroup1，一个命令按钮 Command1。

第二步：属性设置

各对象属性设置如下表所示。

对象	属性名	属性值
表单	Name	MyForm1
	Caption	数学运算
标签	Name	Label1
	Caption	操作数 1
标签	Name	Label2
	Caption	操作数 2
标签	Name	Label3
	Caption	运算结果
文本框	Name	Text1
	Value	0
文本框	Name	Text2
	Value	0
文本框	Name	Text3
	Value	0
	ReadOnly	.T.
选项按钮组	Name	Optiongroup1
	ButtonCount	4
单选按钮	Name	Option1
	Caption	+

续表

对象	属性名	属性值
单选按钮	Name	Option2
	Caption	-
单选按钮	Name	Option3
	Caption	*
单选按钮	Name	Option4
	Caption	/
命令按钮	Name	Command1
	Caption	退出

第三步：编写代码。

选项按钮组 OptionGroup1 的 Click 事件过程代码如下：

```
ThisForm.Text3.ReadOnly=.F.
Do Case
  Case This.Value=1
ThisForm.Text3.Value=ThisForm.Text1.Value+ThisForm.Text2.Value
  Case This.Value=2
ThisForm.Text3.Value=ThisForm.Text1.Value-ThisForm.Text2.Value
  Case This.Value=3
ThisForm.Text3.Value=ThisForm.Text1.Value*ThisForm.Text2.Value
  Case This.Value=4
ThisForm.Text3.Value=ThisForm.Text1.Value/ThisForm.Text2.Value
EndCase
```

命令按钮 Command1 的 Click 事件过程代码如下。

```
ThisForm.Release
```

第四步：调试运行。

运行表单，依次单击各个运算符选项，查看 Text3 中运行结果是否正确。

【第 2 题】

建立一个文件名和表单名均为 Myform2 的表单，表单标题为"查询数据"。表单上的控件名称均取默认名称。程序的要求如下。

（1）在表单上有 4 个标签控件，其标题分别为"教师号""姓名""性别"和"职称"。

（2）表单上有 4 个文本框和 1 个复选框，分别用来显示表 rsdaa.dbf 表中对应字段的值；复选框标题为"婚否"。

（3）表单上有 3 个标题，名称分别为"下一条""上一条"和"退出"命令按钮。

（4）程序运行后，在文本框和复选框中显示当前记录对应字段的值；单击"下一条"按钮，显示下一条记录各字段值；单击"上一条"按钮，表单上显示上一条记录的各字段值；单击"下一条"和"上一条"按钮时，要对记录指针的变化有相应的判断。

（5）单击"退出"按钮，关闭表单。

操作提示：

方法一：通过添加控件绑定数据源来完成。

第一步：界面设计

新建表单文件，打开表单设计器，保存表单，文件名为：myform2。

在表单上添加 4 个标签（Label1、Label2、Label3 和 Label4），4 个文本框（Text1、Text2、Text3 和 Text4），1 个复选框 Check1，3 个命令按钮（Command1、Command2 和 Command3）。

159：设置数据环境

单击系统"显示"菜单的"数据环境"项，打开"数据环境设计器"，将当前文件夹下的表文件 rsdaa 添加到当前表单的数据环境中。

第三步：属性设置

设置表单及控件属性，见下表。

对象	属性	属性值
表单	Name	Myform2
	Caption	查询数据
标签	Name	Label1
	Caption	教师号
标签	Name	Label2
	Caption	姓名
标签	Name	Label3
	Caption	性别
标签	Name	Label4
	Caption	职称
复选框	Name	Check1
	Caption	婚否
	ControlSource	RSDAA.婚否
文本框	Name	Text1
	ControlSource	RSDAA.教师号
文本框	Name	Text2
	ControlSource	RSDAA.姓名
文本框	Name	Text3
	ControlSource	RSDAA.性别
文本框	Name	Text4
	ControlSource	RSDAA.职称
命令按钮	Name	Command1
	Caption	下一条
命令按钮	Name	Command2
	Caption	上一条
命令按钮	Name	Command3
	Caption	退出

第四步：编写代码

按钮 Command1 的 Click 事件过程代码如下。

```
If Not EOF()
  skip
Else
  go bottom
EndIf
ThisForm.Refresh
```

如果想严密些，可用如下代码。

```
ncount=reccount()
skip
If recno()<>1
  thisform.command2.enabled=.t.
EndIf
If recno()<>ncount
  thisform.command1.enabled=.t.
Else
  thisform.command1.enabled=.f.
EndIf
ThisForm.Refresh
```

按钮 Command2 的 Click 事件过程代码如下。

```
If Not BOF()
  Skip -1
Else
  go Top
Endif
ThisForm.Refresh
```

如果想严密些，可用如下代码（另外，需将 Command2 的 Enabled 属性初始值设置为.F.）。

```
ncount=reccount()
skip -1
If recno()<>ncount
  thisform.command1.enabled=.t.
EndIf
If recno()<>1
  this.enabled=.t.
Else
  this.enabled=.f.
EndIf
ThisForm.Refresh
```

按钮 Command3 的 Click 事件过程代码如下。

```
ThisForm.Release
```

第五步：调试运行

单击"保存"按钮，运行表单，然后依次单击各个按钮，验证程序。

方法二：直接从数据环境中将字段拖放至表单，这样就能显示相关内容，此种方法不用绑定数据源，直接编写按钮的事件过程代码即可。

【第 3 题】

设计一个表单文件名和表单名均为 Myform3 的表单，表单的标题为"权限认证"。

表单中有 2 个标签（标题分别为"用户名"和"密码"，名称分别为 Label1 和 Label2）、2 个文本框（名称分别为 Text1、Text2）和 1 个命令按钮（标题为"登录"，名称为 Command1）。

要求 Text2 中显示的密码用"*"代替。

运行表单时，在文本框 Text1 中输入用户名，在文本框 Text2 中输入密码，然后单击"登录"命令按钮，判断用户名和密码是否正确，如果都正确，关闭表单，结束程序；如果用户名错误，则清除文本框 Text1 中内容，同时设置焦点在 Text1 上；如果密码错误，则清除文本框 Text2 中内容，同时设置焦点在 Text2 上（假定正确的用户名为"admin"，正确的密码为"123456"）。

操作提示：

第一步：界面设计

新建表单，打开表单设计器，保存表单，文件名为：MyForm3。

在表单上添加 2 个标签（Label1、Label2）；添加 2 个文本框（Text1、Text2）；添加 1 个命令按钮 Command1。

第二步：属性设置

各对象属性设置如下表所示。

对象	属性名	属性值
表单	Name	MyForm3
	Caption	权限认证
标签	Name	Label1
	Caption	用户名
标签	Name	Label2
	Caption	密码
文本框	Name	Text1
文本框	Name	Text2
	PassWordchar	*
命令按钮	Name	Command1
	Caption	登录

第三步：编写代码

"登录"按钮 Command1 的 Click 事件代码如下。

```
If alltrim(thisform.text1.text)="admin"
  If alltrim(thisform.text2.text)="123456"
    thisform.release
  Else
    thisform.text2.value=""
    thisform.text2.setfocus
  EndIf
Else
  thisform.text1.value=""
  thisform.text1.setfocus
Endif
```

第四步：调试运行

可以分几种情况调试。

① 输入一个错误用户名。

② 输入正确用户名和错误密码。

③ 输入正确用户名和正确密码。

【第 4 题】

设计一个表单文件名和表单名均为 Myform4 的表单，表单的标题为"模拟剪贴板操作"。

在表单上添加 1 个编辑框（名称为 Edit1）、2 个文本框（名称分别为 Text1、Text2）和 1 个命令按钮组（名称为 CommandGroup1），该命令按钮组包括 4 个命令按钮，名称均使用默认名称，标题分别为"选择""复制""移动"和"退出"。

运行表单时，编辑框中的初始内容为"This is a example."，要求初始值的设置用代码实现。单击"选择"按钮，编辑框中的"example"被选中反黑显示；单击"复制"按钮，"example"单词被复制至文本框 Text1 中；单击"移动"按钮，"example"单词被移动至文本框 Text2 中，单击"退出"按钮，关闭表单，结束程序。

操作提示：

第一步：界面设计

新建表单，打开表单设计器，保存表单，表单文件名为 Myform4。

在表单上添加 1 个编辑框 Edit1，添加两个文本框（Text1、Text2），添加 1 个命令按钮组 CommandGroup1（包括 4 个按钮）。

第二步：属性设置

各对象属性设置如下表所示。

对象	属性名	属性值
表单	Name	MyForm4
	Caption	模拟剪贴板操作
编辑框	Name	Edit1
	HideSelection	.F.
文本框	Name	Text1
文本框	Name	Text2
命令按钮组	Name	CommandGroup1
	ButtonCount	4
命令按钮	Name	Command1
	Caption	选择
命令按钮	Name	Command2
	Caption	复制
命令按钮	Name	Command3
	Caption	移动
命令按钮	Name	Command4
	Caption	退出

第三步：编写代码

表单 Myform4 的 Init 事件代码（编辑框初始内容要求用代码实现）。

```
Thisform.edit1.value="This is a example."
```

命令按钮组 CommandGroup1 的 Click 事件代码如下。

```
Do Case
  Case thisform.commandgroup1.value=1
    thisform.edit1.selstart=10
    thisform.edit1.sellength=7
  Case thisform.commandgroup1.value=2
    thisform.text1.value=thisform.edit1.seltext
  Case thisform.commandgroup1.value=3
    thisform.text2.value=thisform.edit1.seltext
    thisform.edit1.value="This is a."
  Case thisform.commandgroup1.value=4
    thisform.release
EndCase
```

第四步：调试运行

运行表单，依次单击各个按钮，验证程序功能。

【第 5 题】

有以下数列：1，1，3，5，9，15，25，41，…的规律是从第 3 个数开始，每个数是它前面两个数的和加 1。

建立一个文件名和表单名均为 Myform5 的表单，表单标题为"求数列项"。程序的要求如下。

（1）在表单上添加控件，名称均取默认值。

（2）程序运行后，在 Text1 文本框中输入一整数（大于等于 3），单击"计算"按钮时，则在 Text2 中显示该数列某项的值，如在 Text1 中输入 20，则在 Text2 中显示该数列的第 20 项的值。

（3）单击"退出"按钮，关闭表单。

操作提示：

第一步：界面设计

新建表单文件，打开表单设计器，保存表单，文件名为 MyForm5。在表单上添加 2 个文本框（Text1、Text2），2 个命令按钮（Command1、Command2）。

第二步：属性设置

各对象属性设置如下表所示。

对象	属性名	属性值
表单	Name	MyForm5
	Caption	求数列项
文本框	Name	Text1
	Value	0
文本框	Name	Text2
	Value	0
命令按钮	Name	Command1
	Caption	计算
命令按钮	Name	Command2
	Caption	退出

第三步：编写代码

"计算"按钮 Command1 的 Click 事件代码如下。

```
n=ThisForm.Text1.Value
Dimension mm(20)
mm(1)=1
mm(2)=1
For i=3 To n
  mm(i)=mm(i-1)+mm(i-2)+1
EndFor
ThisForm.Text2.Value=mm(n)
```

第四步：调试运行

在第一个文本框中输入一个数值 20，然后单击"计算"按钮，查看第二个文本框中显示值是否与题图所示结果一致。最后单击"退出"按钮，结束程序。

【第 6 题】

建立一个文件名和表单名均为 Myform6 的表单，表单标题为"字形设置"。程序的要求如下。

（1）表单上有 1 个选项按钮组（OptionGroup1），包括 3 个单选按钮（Option1、Option2、Option3），标题分别为"宋体""黑体"和"楷体 GB_2312"。

（2）表单上有 3 个复选框（Check1、Check2、Check3），标题分别为"加粗""倾斜"和"下划线"，程序运行时均为未选中状态。

（3）表单上有 1 个标签 Label1，标题为"字形设置"，1 个编辑框（名称为 Edit1），编辑框初始内容为"Visual FoxPro 期末考试"。

（4）程序运行后，按照按钮组和复选框的选择情况，可改变编辑框中文字的字形。

操作提示：

第一步：界面设计

新建表单，打开表单设计器，保存表单，表单文件名为 Myform6。

在表单上添加 1 个标签 Label1；添加 1 个编辑框 Edit1；1 个选项按钮组（OptionGroup1），包括 3 个单选按钮（Option1、Option2、Option3）；添加 3 个复选框（Check1、Check2、Check3）。

第二步：属性设置

对象属性设置如下表所示。

对象	属性名	属性值
表单	Name	MyForm6
	Caption	字形设置
标签	Name	Label1
	Caption	字形设置
编辑框	Name	Edit1
	Value	Visual FoxPro 期末考试
选项按钮组	Name	Optiongroup1
	ButtonCount	3
单选按钮	Name	Option1
	Caption	宋体
单选按钮	Name	Option2
	Caption	黑体
单选按钮	Name	Option3
	Caption	楷体_GB2312
复选框	Name	Check1
	Caption	加粗
	Value	0
复选框	Name	Check2
	Caption	倾斜
	Value	0
复选框	Name	Check3
	Caption	下划线
	Value	0

第三步：编写代码

选项按钮组 Optiongroup1 的 Click 事件代码如下。

```
Do Case
  Case this.value=1
    thisform.edit1.fontname="宋体"
  Case this.value=2
    thisform.edit1.fontname=This.Option2.Caption    &&换一种写法
```

```
    Case thisform.Optiongroup1.value=3        &&换一种写法
      thisform.edit1.fontname="楷体_GB2312"
EndCase
```

复选框 Check1 的 Click 事件代码如下。

```
If this.value=1
  thisform.edit1.FontBold=.T.
Else
  thisform.edit1.FontBold=.F.
EndIf
```

复选框 Check2 的 Click 事件代码如下。

```
If ThisForm.check2.value=1
  thisform.edit1.FontItalic=.T.
Else
  thisform.edit1.FontItalic=.F.
EndIf
```

复选框 Check3 的 Click 事件代码如下。

```
If this.value=1
  thisform.edit1.FontUnderLine=.T.
Else
  thisform.edit1.FontUnderLine=.F.
EndIf
```

第四步：调试运行

运行表单，依次单击各选项按钮和各个复选框，验证程序是否正确。

【第 7 题】

设计一个文件名和表单名均为 Myform7 的表单，表单的标题为"档案查询"，表单运行界面如图所示。

表单中有 1 个列表框（名称为 List1，数据源为值："男"、"女"）和 1 个下拉组合框（名称为 Combo1，数据源为表 rsdaa.dbf 的"职称"字段值）。

另外，有 2 个标签"性别"（Label1）和"职称"（Label2）以及 2 个命令按钮"查询"（Command1）和"退出"（Command2）。

运行表单时，首先从列表框中选择性别，从下拉组合框中选择一种职称，然后单击"查询"按钮，用 SQL 语句从 rsdaa.dbf 表中查询相应性别、职称的信息，并将查询结果存储到表 temp.dbf 中。

单击"退出"按钮，关闭表单。

操作提示：

第一步：界面设计

新建表单文件，打开表单设计器，保存保单，文件名为 Myform7。

在表单上添加 2 个标签 Label1、Label2；添加 1 个列表框 List1、1 个组合框 Combo1；添加 2 个命令按钮 Command1、Command2。

第二步：设置数据环境

选中表单，单击系统"显示"菜单的"数据环境"命令，将表文件 rsdaa.dbf 添加到当前表单的数据环境中。

第三步：属性设置

各对象属性设置如下表所示。

对象	属性名	属性值
表单	Name	MyForm7
	Caption	档案查询
标签	Name	Label1
	Caption	性别
标签	Name	Label2
	Caption	职称
列表框	Name	List1
	RowSourceType	1-值
	RowSource	男,女
组合框	Name	Combo1
	Style	0-下拉组合框
	RowSourceType	6-字段
	RowSource	rsdaa.职称
命令按钮	Name	Command1
	Caption	查询
命令按钮	Name	Command2
	Caption	退出

第四步：编写代码

"查询"按钮（Command1）的 Click 事件代码如下。

```
Select * from rsdaa where 性别=thisform.list1.text;
And 职称= Alltrim(thisform.combo1.Text) into table Temp
```

"退出"按钮（Command2）的 Click 事件代码如下。

```
thisform.release
```

第五步：调试运行

运行表单，在性别列表框中选择性别"女"，在职称组合框中选择"讲师"，单击"查询"按钮后，再单击"退出"按钮，打开表文件"temp.dbf"，查看记录信息是否均是女讲师的信息，根据结果调试程序。

【第 8 题】

建立一个表单文件名和表单控件名均为 Myform8 的表单，表单标题为"按学号查询档案"。该程序功能如下。

从"学号"标签（Label1）右侧的下拉组合框（Combo1）中选择一个学号，则表单上其他控件同步显示"学生.dbf"表中对应当前学号的各个指定字段值。

操作提示：

第一步：界面设计

新建表单文件，打开表单设计器，保存保单，文件名为 Myform8。

在表单上添加 1 个标签 Label1；添加 1 个组合框 Combo1。

第二步：设置数据环境

选中表单，单击系统"显示"菜单的"数据环境"命令，将表文件"学生.dbf"添加到当前表单的数据环境中。然后从数据环境中将姓名、性别、出生日期、是否党员、入学成绩和简历字段拖放至表单相应位置。

第三步：属性设置

各对象属性设置如下表所示。

对象	属性名	属性值
表单	Name	MyForm8
	Caption	按学号查询档案
标签	Name	Label1
	Caption	学号
组合框	Name	Combo1
	Style	0-下拉组合框
	RowSourceType	6-字段
	RowSource	学生.学号

第四步：编写代码

组合框（Combo1）的 InteractiveChange 事件过程代码如下。

```
Locate for 学号= Alltrim(thisform.combo1.Text)
thisform.refresh
```

第五步：调试运行

运行表单，在组合框中选择一个学号，查看该学号对应记录其他字段信息是否同步变化，根据结果调试程序。

【第9题】

建立一个文件名和表单名均为 Myform9 的表单，表单标题为"时间显示"。程序的要求如下。

（1）表单上有 1 个标签控件（Label1），用来显示当前时间，初始内容为空白。

（2）表单上还有 1 个计时器控件（Timer1）和 1 个微调控件（Spinner1），其中微调控件 SpinnerLowValue 属性值为 0，其 SpinnerHighValue 属性值为 100，Increment 属性值为 1。

（3）窗体上有 3 个命令按钮，标题分别为"开始"（Command1）、"停止"（Command2）和"退出"（Command3）。

（4）程序运行后，通过微调控件设置一个间隔时间，单击"开始"按钮，则标签控件的内容为每隔一个时间间隔显示一次当前时间（注意计时器时间间隔单位为毫秒）；单击"停止"按钮，停止时间显示。

（5）单击"退出"按钮，关闭表单。

操作提示：

第一步：界面设计

新建表单，打开表单设计器，保存表单，文件名为 Myform9。

在表单上添加 1 个标签 Label1；添加 1 个微调按钮 Spinner1；添加 1 个计时器控件 Timer1；添加 3 个命令按钮（Command1、Command2 和 Command3）。

第二步：属性设置

各对象属性设置如下表所示。

对象	属性名	属性值
表单	Name	MyForm9
	Caption	时间显示

续表

对象	属性名	属性值
标签	Name	Label1
	Caption	（空白）
微调控件	Name	Spinner1
	SpinnerLowValue	0
	SpinnerHighValue	100
	Increment	1
计时器	Name	Timer1
	Interval	0
命令按钮	Name	Command1
	Caption	开始
命令按钮	Name	Command2
	Caption	停止
命令按钮	Name	Command3
	Caption	退出

第三步：编写代码

"开始"按钮（Command1）的 Click 事件代码如下。

```
Thisform.timer1.interval=thisform.spinner1.value*1000
```

"停止"按钮（Command2）的 Click 事件代码如下。

```
ThisForm.Timer1.Interval=0
```

"计时器"控件（Timer1）的 Timer 事件代码如下。

```
Thisform.Label1.Caption=Time()
```

"退出"按钮（Command3）的 Click 事件代码如下。

```
ThisForm.Release
```

第四步：调试运行

运行表单，先单击微调控件的上箭头，设置时间间隔为 2 秒，然后单击"开始"按钮，观察时间显示是否是每隔 2 秒变化 1 次，再单击"停止"按钮，根据运行情况调试程序。

【第 10 题】

设计一个满足如下要求的应用程序，所有控件的属性必须在控件的属性窗口中设置。

（1）建立一个表单，表单文件名和表单名均为 Myform10，表单标题为"信息浏览"。

（2）表单中含有 1 个页框控件（PageFrame1）和 1 个"关闭"命令按钮（Command1）。

（3）页框控件中含有 2 个页面，每个页面都通过一个表格控件显示有关信息如下。

第一个页面 Page1 上的标题为"学生档案"，其上的表格控件名为 Grid1，记录源的类型为"表"，显示"学生信息.DBF"表的内容。

第二个页面 Page2 上的标题为"学生成绩"，其上的表格控件名为 Grid1，记录源的类型为"SQL 说明"，表格中显示的内容是查询表"学生成绩.DBF"中全部信息。

（4）单击"关闭"命令按钮关闭表单。

操作提示：

第一步：界面设计

新建表单，打开表单设计器，保存表单，文件名为 Myform10。

在表单上添加 1 个页框 PageFrame1，该页框包括 2 个页面 Page1 和 Page2；每个页面下各添加 1 个表格控件 Grid1；再在表单上添加 1 个命令按钮 Command1。

第二步：设置数据环境

选中表单，将表文件"学生信息.DBF"和"学生成绩.DBF"添加到当前表单的数据环境中。

第三步：属性设置

各对象属性设置如下表所示。

对象	属性名	属性值
表单	Name	MyForm10
	Caption	信息浏览
页框	Name	PageFrame1
	PageCount	2
页面	Name	Page1
	Caption	学生档案
页面	Name	Page2
	Caption	学生成绩
表格	Name	Grid1
	RecordSourceType	0-表
	RecordSource	学生信息
表格	Name	Grid1
	RecordSourceType	4-SQL 说明
	RecordSource	Select * From 学生成绩 into cursor tt
命令按钮	Name	Command1
	Caption	关闭

第四步：编写代码

"关闭"按钮的 Click 事件代码如下。

```
ThisForm.Release
```

第五步：调试运行

运行表单，分别单击各个选项卡，查看表格中显示的数据是否为指定信息，根据显示结果调试程序。

【第 11 题】

建立一个表单名和文件名均为 Myform11 的表单文件，表单上包括的控件及功能要求如下。

（1）有 1 个名称为 Label1 的标签，标题为"年份:"。

（2）有 1 个名称为 Combo1 的下拉列表框，数据源为表"学生.dbf"中所有记录的出生日期的年份（不允许重复）。

（3）有 1 个名称为 Grid1 的表格控件，数据源类型为"4-SQL 说明"。

（4）有 1 个名称为 Command1、标题为"查询"的命令按钮。

程序的功能是，表单运行后，在下拉列表框中选择一个年份，然后单击查询按钮，则表格中显示与"学生.dbf"表中出生日期的年份相匹配的所有学生的姓名及出生日期。

操作提示：

第一步：界面设计

新建表单，打开表单设计器，保存表单，文件名为 Myform11。

在表单上添加 1 个标签 Label1，1 个组合框 Combo1，1 个表格 Grid1，添加 1 个命令按钮 Command1。

第二步：属性设置

各对象属性设置如下表所示。

对象	属性名	属性值
表单	Name	MyForm11
	Caption	出生日期信息浏览
标签	Name	Label1
	Caption	年份
组合框	Name	Combo1
	Type	2-下拉列表框
	RowSourceType	3-SQL 语句
	RowSource	select distinct year(出生日期) from 学生 into cursor tt
表格	Name	Grid1
	RecordSourceType	4-SQL 说明
命令按钮	Name	Command1
	Caption	查询

第三步：编写代码

"查询"按钮的 Click 事件代码如下。

```
Thisform.grid1.recordsource="select 姓名,出生日期 from 学生;
where year(出生日期)=val(thisform.combo1.value) into cursor ll"
```

第四步：调试运行

运行表单，在组合框中选择一个年份，观察表格控件是否显示指定数据。根据显示结果调试程序。

【第 12 题】

建立一个表单名和文件名均为 Myform12 的表单文件，表单标题为"单词转换"。

表单里包含 1 个编辑框 Edit1（初始值为 This is a example.）和 2 个命令按钮 Command1（查找）、Command2（替换），要求如下。

单击"查找"按钮时，选择 Edit1 里的单词"example"；单击"替换"按钮时，用单词"exercise"置换已选择的单词"example"。

操作提示：

第一步：界面设计

新建表单文件，打开表单设计器，保存表单，文件名为：myform12。

在表单上添加 1 个编辑框 Edit1，2 个命令按钮（Command1、Command2）。

第二步：属性设置

设置表单及控件属性，见下表。

对象	属性	属性值
表单	Name	Myform12
	Caption	单词转换
编辑框	Name	Edit1
	Value	This is a example.
	HideSelection	.F.
命令按钮	Name	Command1
	Caption	查找
命令按钮	Name	Command2
	Caption	替换

第三步：编写事件过程

"查找"按钮的 Click 事件过程代码如下。

```
ThisForm.Edit1.SelStart=10
ThisForm.Edit1.SelLength=7
```

如果想严密些，可用如下代码。

```
n=at("example",Thisform.Edit1.Value)
If n<>0
  thisform.edit1.selstart=n-1
  thisform.edit1.sellength=len("example")
Else
  wait windows "没有相匹配的单词" timeout 1
EndIf
```

"替换"按钮的 Click 事件过程代码如下。

```
ThisForm.Edit1.SelText="exercise"
```

如果想严密些，可用如下代码。

```
If thisform.edit1.seltext="example"
  thisform.edit1.seltext="exercise"
Else
  wait windows "没有选择需要置换的单词" timeout 1
EndIf
```

第四步：调试运行

单击查找按钮，观察是否选中 example 单词，再单击替换按钮，看 example 是否替换成 exercise。无错误后关闭表单，结束程序。

【第 13 题】

设计一个表单，表单名和文件名均为 Myform13，表单标题为"选择查询"。

表单上有 2 个标签（Label1、Label2），标题分别为"选择字段："和"选择表文件："；有 1 个命令按钮 Command1，标题为"确定"；有 1 个下拉列表框 Combo1，数据源为当前考生文件夹下的所有表文件名；有 1 个列表框 List1，数据源为组合框中选择的表对应的字段名。

表单运行时，可以先在右侧的下拉列表框（Combo1）中选择需要打开并查询的表文件（此时，表的字段会自动显示在左侧的列表框内）；然后在列表框中选择需要输出的字段；最后单击"确定"按钮，查询显示指定表中的记录在指定字段上的内容。

操作提示：

第一步：界面设计

新建表单，打开表单设计器，保存表单，文件名为 Myform13。

在表单上添加 2 个标签（Label1、Label2），1 个组合框 Combo1，1 个列表框 List1，再在表单上添加 1 个命令按钮 Command1。

第二步：属性设置

各对象属性设置如下表所示。

对象	属性名	属性值
表单	Name	MyForm13
	Caption	选择查询
标签	Name	Label1
	Caption	选择字段

续表

对象	属性名	属性值
标签	Name	Label2
	Caption	选择表文件
列表框	Name	List1
	RowSourceType	8－结构
	MultiSelect	.T.
组合框	Name	Combo1
	Type	2-下拉列表框
	RowSourceType	7－文件
	RowSource	*.dbf
命令按钮	Name	Command1
	Caption	确定

第三步：编写代码

表单的 Load 和 Unload 事件过程代码如下。

```
Close DataBase
```

组合框 Combo1 的 InteractiveChange 事件代码如下。

```
tt=thisform.combo1.value
use &tt
thisform.list1.rowsource=tt
```

"确定"按钮的 Click 事件代码：

```
set fields to
For i=1 to thisform.list1.listcount
  If thisform.list1.selected(i)
    mf=thisform.list1.list(i)
    set fields to &mf
  EndIf
  EndFor
browse
```

第四步：调试运行

运行表单，在组合框中选择一个表名，观察列表框是否显示该表字段，单击"确定"按钮，观察浏览窗口是否显示指定的信息。根据显示结果调试程序。

【第 14 题】

设计一个能按学号查询与统计成绩信息的表单。表单名和文件名均为 myform14，表单标题为"成绩查询与统计"。程序的功能如下。

当从组合框中选择"成绩.DBF"表中的某个学号时，会在右边的表格内显示该学号学生的选课成绩信息，并在下方的文本框内显示其平均成绩和总成绩。

操作提示：

第一步：界面设计

新建表单，打开表单设计器，保存表单，文件名为 Myform14。

在表单上添加 3 个标签（Label1、Label2 和 Label3），1 个组合框 Combo1，2 个文本框（Text1、Text2），再在表单上添加 1 个表格对象 Grid1。

第二步：设置数据环境

选中表单，单击系统"显示"菜单的"数据环境"命令，将表文件"成绩.dbf"添加到当前表单的数据环境中。

第三步：属性设置

各对象属性设置如下表所示。

对象	属性名	属性值
表单	Name	MyForm14
	Caption	成绩查询与统计
标签	Name	Label1
	Caption	选择学号：
标签	Name	Label2
	Caption	平均成绩：
标签	Name	Label3
	Caption	总成绩：
文本框	Name	Text1
文本框	Name	Text2
组合框	Name	Combo1
	RowSourceType	6－字段
	RowSource	成绩.学号
表格	Name	Grid1
	RecordSourceType	4-SQL 说明

第四步：编写代码

组合框 Combo1 的 InteractiveChange 事件代码如下。

```
thisform.grid1.recordsource="select * from 成绩 ;
where 学号=thisform.combo1.text into cursor tt"
select avg(成绩) from 成绩 into array aa
select sum(成绩) from 成绩 into array bb
thisform.text1.value=aa(1)
thisform.text2.value=bb(1)
```

第五步：调试运行

运行表单，在组合框中选择一个学号，观察表格中是否显示该学号对应的记录值，同时文本框中是否显示平均成绩和总成绩值。根据显示结果调试程序。

【第 15 题】

有一表单名与文件名均为 Myform15 的表单文件，其中包含"高度"标签、Text1 文本框，以及"确定"命令按钮。

请在表单设计器环境下完成如下操作。

（1）将标签、文本框和命令按钮 3 个控件设置为顶边对齐。

（2）将"确定"按钮设置为默认按钮，即通过按<Enter>键就可以选择该按钮。

（3）将表单的标题设置为"表单操作"，且表单运行时在屏幕上居中。

（4）设置"确定"按钮的 Click 事件代码，使得表单运行时，单击该按钮可以将表单的高度设置成在文本框中指定的值。

操作提示：

第一步：界面设计

新建表单文件，打开表单设计器，保存表单，文件名为：myform15。

在表单上添加 1 个标签 Label1，1 个文本框 Text1，1 个命令按钮 Command1。

第二步：属性设置

设置表单及控件属性，见下表。

对象	属性	属性值
表单	Name	Myform15
	Caption	表单操作
	AutoCenter	.T.
标签	Name	Label1
	Caption	高度
文本框	Name	Text1
命令按钮	Name	Command1
	Caption	确定
	Default	.T.

第三步：对齐设置

按住<Shift>键，依次单击标签、文本框、命令按钮，全选中 3 个控件，然后执行"格式"菜单中的"对齐"项，选择子菜单中的"顶边对齐"。

第四步：调试运行

单击"保存"按钮，运行表单，然后在文本框中输入一数值，如 300，单击"确定"按钮，验证程序有无错误。无错误后关闭表单，结束程序。

【第 16 题】

打开"学生管理"数据库，完成如下应用。

设计一个表单名和表单文件名均为 myform16 的表单，表单的标题为"学生信息浏览"。表单上有一个包含 3 个选项卡的页框（pageframe1）控件和一个"退出"按钮（command1）。其他功能要求如下。

（1）为表单建立数据环境，向数据环境依次添加"学生.dbf"表、"课程.dbf"表和"成绩.dbf"表。

（2）要求表单的高度为 280，宽度为 450；表单显示时自动在主窗口内居中。

（3）3 个选项卡的标签的标题分别为"学生表"（page1）、"课程表"（page2）和"成绩表"（page3），每个选项卡分别以表格形式浏览学生表的信息，表格名称均为 grid1。选项卡位于表单的左边距为 18，顶边距为 10，选项卡的高度为 230，宽度为 420。

（4）单击"退出"按钮，关闭表单。

操作提示：

第一步：界面设计

建立表单，打开表单设计器，保存表单，文件名为 Myform16。

在表单上添加一个页框控件 PageFrame1，包括 3 个页面（Page1、Page2 和 Page3），添加 1 个命令按钮 Command1。

第二步：设置数据环境

选中表单，单击系统"显示"菜单的"数据环境"命令，将表文件"学生.dbf""课程.dbf"和"成绩.dbf"添加到当前表单的数据环境中。

第三步：属性设置

设置表单及控件属性，见下表。

对象	属性	属性值
表单	Name	Myform16
	Caption	学生信息浏览
	Height	280
	Width	450
	AutoCenter	.T.
页框	Name	PageFrame1
	PageCount	3
	Left	18
	Top	10
	Width	420
	Height	230
页	Name	Page1
	Caption	学生表
页	Name	Page2
	Caption	课程表
页	Name	Page3
	Caption	成绩表
表格	Name	Grid1
	RecordSourceType	0-表
	RecordSource	学生.dbf
表格	Name	Grid1
	RecordSourceType	0-表
	RecordSource	课程.dbf
表格	Name	Grid1
	RecordSourceType	0-表
	RecordSource	成绩.dbf
命令按钮	Name	Command1
	Caption	退出

第四步：编写代码

按钮 Command1 的 Click 事件代码如下。

```
ThisForm.Release
```

第五步：调试运行

运行表单，依次选择各个选项卡，观察表格数据变化。

【第 17 题】

设计一个记录输出表单，表单名与文件名均为 Myform17，表单标题为"记录输出"。程序功能如下。

当表单运行时，单击相应按钮，可从左边的"可用字段"列表框中选取字段移到右边的"选定字段"列表框，也可以把"选定字段"列表框中的字段再移回到"可用字段"列表框中。

本题数据源为"学生.dbf"表。

操作提示：

第一步：界面设计

建立表单，打开表单设计器，保存表单，文件名为 Myform17。

在表单上添加 2 个标签 Label1、Label2，2 个列表框 List1、List2，添加 4 个命令按钮（Command1、Command2、Command3、Command4）。

第二步：设置数据环境

选中表单，单击系统"显示"菜单的"数据环境"命令，将表文件"学生.dbf"添加到当前表单的数据环境中。

第三步：属性设置

设置表单及控件属性，见下表。

对象	属性	属性值
表单	Name	Myform17
	Caption	记录输出
标签	Name	Label1
	Caption	可用字段
标签	Name	Label2
	Caption	选用字段
列表框	Name	List1
	MultiSelect	.T.
	RowSourceType	8-结构
	RowSource	学生
列表框	Name	List2
	MultiSelect	.T.
命令按钮	Name	Command1
	Caption	添加
命令按钮	Name	Command2
	Caption	全部添加
命令按钮	Name	Command3
	Caption	移去
命令按钮	Name	Command4
	Caption	全部移去

第四步：编写代码

添加按钮 Command1 的 Click 事件代码如下。

```
For i=1 to thisform.list1.listcount
 If thisform.list1.selected(i)=.t.
 thisform.list2.additem(thisform.list1.list(i))
 thisform.list1.removeitem(i)
 i=i-1
 EndIf
EndFor
```

全部添加按钮 Command2 的 Click 事件代码如下。

```
For i=1 to thisform.list1.listcount
  thisform.list2.additem(thisform.list1.list(i))
```

```
EndFor
thisform.list1.clear
```

移去按钮 Commadn3 的 Click 事件代码如下。

```
For i=1 to thisform.list2.listcount
 If thisform.list2.selected(i)=.t.
   thisform.list1.additem(thisform.list2.list(i))
 thisform.list2.removeitem (i)
   i=i-1
 EndIf
EndFor
```

全部移去按钮 Commadn4 的 Click 事件代码如下。

```
For i=1 to thisform.list2.listcount
  thisform.list1.additem(thisform.list2.list(i))
EndFor
thisform.list2.clear
```

第五步：调试运行

运行表单，按住<Ctrl>键单击左边列表框中几个字段，然后单击"添加"按钮，观察右边列表框变化。根据题意，单击其他按钮，观察运行结果。

【第 18 题】

设计一个表单名和表单文件名均为 Myform18 的表单，表单的标题为"信息浏览"。将该表单设置为顶层表单，然后设计一个菜单，并将新建立的菜单应用于该表单（在表单的 load 事件中运行菜单程序）。新建立的菜单文件名为 Mymenu18，结构如下。

浏览
　　　学生表
　　　课程表
查询
　　　按姓名
　　　按课程名
退出

其中，"学生表"选项的功能是在 Myform18 表单上的表格控件中显示"学生.DBF"表的信息（表格数据源类型为 SQL 说明）；"课程表"选项的功能是在 Myform18 表单上的表格控件中显示"课程.DBF"表的信息（表格数据源类型为表）；"退出"菜单项的功能是关闭和释放表单（在命令中完成）。其他菜单项功能不做要求。表单运行界面如图所示。

第一步：界面设计

新建表单文件，打开表单设计器，保存表单，文件名为：Myform18。

在表单上添加 1 个表格 Grid1，1 个命令按钮 Command1。

第二步：属性设置

设置表单及控件属性，见下表。

对象	属性	属性值
表单	Name	Myform18
	Caption	信息浏览
	ShowWindow	2-作为顶层表单
命令按钮	Name	Command1
	Caption	退出

第三步：下拉式顶层菜单设计

（1）新建菜单文件，打开菜单设计器。

（2）"浏览"子菜单设计界面。

其中，菜单项"学生表"的过程代码如下。

```
myform18.grid1.recordsourcetype=4
myform18.grid1.recordsource="select * from 学生 into cursor tt"
```

菜单项"课程表"的过程代码如下：

```
myform18.grid1.recordsourcetype=0
myform18.grid1.recordsource="课程"
```

（3）设计"查询"子菜单的设计界面。

（4）选择"显示"菜单的"常规选项"项，选中"常规选项"对话框中的"顶层表单"复选框后，单击确定，将菜单设置成顶层菜单。

（5）保存菜单设计，菜单文件名为 Mymenu18。

（6）选择系统"菜单"菜单的"生成…"选项，生成菜单程序 Mymenu18.mpr，然后关闭菜单设计器。

第四步：将菜单加载到表单中

在表单的 Load 事件中，添加如下代码。

```
do Mymenu18.mpr with this,.t.
```

第五步：调试运行

运行表单，然后单击菜单中的各选项，验证程序的功能，根据运行情况调试程序。

【第 19 题】

设计一个统计"rsdaa.dbf"表中满足条件的职工人数的表单，表单文件名和控件名均为 Myform19，表单标题为"统计职工人数"。其中，选项组、复选框和组合框（下拉列表框）用于设置统计条件；命令按钮用来执行统计；文本框用来显示统计结果。另外，还包括一些标签作为文字提示。

操作提示：

第一步：界面设计

新建表单，打开表单设计器，保存表单，表单文件名为 Myform19。

在表单上添加 1 个选项按钮组 OptionGroup1，包括 2 个单选按钮（Option1、Option2）；1 个复选框 Check1，2 个标签 Label1、Label2，1 个组合框 Combo1，1 个文本框 Text1，1 个命令按钮 Command1。

第二步：设置数据环境

选中表单，单击系统"显示"菜单的"数据环境"命令，将表文件"rsdaa.dbf"添加到当前表单的数据环境中。

第三步：属性设置

各对象属性设置如下表所示。

第四步：编写代码

命令按钮 Command1 的 Click 事件代码如下。

```
tj1=iif(thisform.optiongroup1.value=1,"男","女")
tj2=iif(thisform.check1.value=1,.t.,.f.)
tj3=thisform.combo1.value
select count(*) from rsdaa where 性别=tj1 and 婚否=tj2 and 职称=tj3 into array aa
thisform.text1.value=aa(1)
```

对象	属性名	属性值
表单	Name	MyForm19
	Caption	统计职工人数
选项按钮组	Name	Optiongroup1
	ButtonCount	2
单选按钮	Name	Option1
	Caption	男
单选按钮	Name	Option2
	Caption	女
复选框	Name	Check1
	Caption	婚否
	ControlSource	RSDAA.婚否
组合框	Name	Combo1
	RowSourceType	6－字段
	RowSource	RSDAA.职称
	Type	2-下拉列表框
文本框	Name	Text1
	Value	0
标签	Name	Label1
	Caption	职称
标签	Name	Label2
	Caption	符合条件的总人数
命令按钮	Name	Command1
	Caption	统计

第五步：调试运行

运行表单，根据各控件的选择情况，单击"统计"按钮，查看文本框中结果是否正确。

【第20题】

建立一个表单名和文件名均为 Myform20 的表单，表单的标题为"奇偶数计算"。程序功能要求如下。

（1）表单上有 1 个选项按钮组 OptionGroup1，包括 2 个选项按钮 Opiton1、Option2，选项按钮标题分别为"1～100 之间偶数和"、"1～100 之间奇数和"。

（2）有 1 个文本框 Text1 和 1 个标题为"计算"的命令按钮 Command1。

（3）程序运行时，选中 1 个单选按钮并单击"计算"按钮，则把计算结果显示在文本框中。

操作提示：

第一步：界面设计

新建表单，打开表单设计器，保存表单，表单文件名为 Myform20。

在表单上添加 1 个选项按钮组 OptionGroup1，包括 2 个单选按钮（Option1、Option2）；1 个文本框 Text1，1 个命令按钮 Command1。

第二步：属性设置

各对象属性设置如下表所示。

对象	属性名	属性值
表单	Name	MyForm20
	Caption	奇偶数计算
选项按钮组	Name	Optiongroup1
	ButtonCount	2
单选按钮	Name	Option1
	Caption	1~100 之间偶数和
单选按钮	Name	Option2
	Caption	1~100 之间奇数和
文本框	Name	Text1
	Value	0
命令按钮	Name	Command1
	Caption	计算

第三步：编写代码

命令按钮 Command1 的 Click 事件代码如下。

```
s=0
If thisform.optiongroup1.value=1
  For i=2 to 100 step 2
   s=s+i
  EndFor
Else
  For i=1 to 100 step 2
   s=s+i
  EndFor
EndIf
thisform.text1.value=s
```

第四步：调试运行

运行表单，分别选中第一个或第二个按钮后单击"计算"按钮，查看文本框中结果是否正确。